少儿科普精品馆

野马笔记

张赫凡 著

浙江少年儿童出版社·杭州

作者的话

ZUOZHE DE HUA

普氏野马（以下简称“野马”）是欧亚大陆开阔景观带的旗舰物种，被世界自然保护联盟（IUCN）濒危物种红色名录列为濒危级（EN）物种，目前全世界仅存2000余匹。野马是国家一级保护动物，是我国自然保护和生态文明的象征，也是新疆的一张生物名片。它们是有着6000万年演化史的“活化石”，是当今地球上唯一幸存的野生马种。由于数量稀少、基因古老、血统纯正、野生种群灭绝，野马成了比大熊猫还珍稀的物种。

新疆维吾尔自治区野马繁殖研究中心（以下简称“野马中心”）地处荒漠戈壁，自然环境恶劣，工作、生活条件十分艰苦。为了拯救野马，一批批养马人扎根荒漠戈壁，不忘初心，砥砺奋进。他们在人迹罕至的戈壁荒滩，从住地窝子开始，不断进行科研攻关，为野马的繁育和野放呕心沥血。正是有了他们30多年的不懈努力和默默坚守，野马家族才能从无到有、不断壮大，并且重建了野外种群。

野马中心成立35年来，共繁育了6代810余匹野马。新疆现

有野马 512 匹，其中圈养野马 70 匹，野放野马 326 匹，半散放野马 116 匹。如今，野马中心已发展为世界上最大的野马繁殖基地。

自 2001 年首次向卡拉麦里山有蹄类野生动物自然保护区放归 27 匹野马以来，我们先后共向野外放归了 140 匹野马。野马放归试验取得探索性成功，成为我国濒危物种重引入最成功的典范，提升了我国在保护野生动物资源、爱护生态环境、弘扬生态文明方面的国际地位，并为我国其他物种的重新引入工作起到了借鉴和示范作用。

时光飞驰，自 1995 年从新疆农业大学毕业来到野马中心，转眼我已与野马相伴 26 年。或许一切的缘起，都来自梦中的那匹天马冥冥之中的引领。从初来戈壁滩时的失落无助、一次次想离开，到后来的坚定不移、每次去寻找野放野马都万分欣喜——多年的相依相守早已让我与这些野生动物朋友们同呼吸共命运。

生命中的第一次总是让人难忘。比如，第一次来戈壁荒滩见到野马，第一次见证圈养百年的野马回归大自然，第一次住在乔木西拜野放野马监测站跟踪放归野马，第一次去三个泉野放野马监测站探密野放最成功的野马家族……

这些让人欢喜让人忧的时刻，我都会如同从大漠中捡拾宝贝一样，用相机和文字一一记录并珍藏。大漠戈壁的荒凉和煎熬难耐的孤独，让我一来到野马中心就养成了写日记的习惯。在没有长明电、仅靠柴油发电机在夜晚发两三个小时电的日子里，我常借着暗淡的烛光，记录一天的所见所闻。我写养马人的心酸和寂寞，写自己的曲折心路，写野马家族的悲欢离合。很多时候，我觉得自己也像一匹被囚禁的野马，一颗跟公主般高傲的心曾无数次在与围栏的冲撞中支离破碎。然而这一切，在最终让野马重归自然、绝地复生的过程中得到了释怀。正如我给野马的一首诗中写的那样："拯救了你，也就拯救了我自己。"

非常感恩，在领导、同事、家人和朋友的关怀下，在出版社的帮助支持下，我这些稚嫩的文字最终整理成了一本本书。在这个明媚的秋日，阳光冲破新冠疫情的阴霾，在大旱中枯黄了整个春季和夏季的卡拉麦里大地，在一场场雨水中重返生机。五彩斑斓的野花烂漫无比，几十匹疫情之下新生的小马驹越发健壮，一群群野马自由自在地驰骋在广袤的绿野里。这欣欣向荣的景象，就像我大病的青春也突然被治愈。

我的又一本跟野马宝宝一样的新书《野马笔记》就要问世了，

感谢浙江少年儿童出版社的编辑为此书付出的辛苦。这本书以时间为经，以野马与野马保护者的经历为纬，看似独立的故事，实则有着千丝万缕的联系。它们记录了野马从百年流离到回归故土、从人工圈养到回归自然的坎坷历程，将会带你走进准噶尔荒原神秘的野马部落，了解野马保护者为拯救这一物种所付出的艰辛，还有包括青少年朋友们在内的社会各界对野马的关爱。相信读者朋友们，特别是孩子们，可以从中认识到生态保护的重要性，认识到拯救和恢复一个物种所需要付出的沉重代价。我衷心希望大家能够更加热爱大自然，关爱野生动物，关爱我们的地球家园。

时间仓促，水平有限，错误难免，请大家多批评。希望野马的明天越来越好。

张赫凡

2021 年 10 月

目录

MULU

初来乍到

大学毕业前的一天夜里，我做了一个十分奇异的梦：在蔚蓝的天空中，一匹黑色的天马从遥远的云端直飞到我的面前。它长鬃飞舞，浑身的毛乌黑油亮，身披灿烂的阳光，矫健的四蹄在白云间翻滚。

我惊奇地仰望着它英武挺拔的身姿。天马俯下身来，用那漆黑深邃的大眼睛直视着我，仿佛有许多话从它眼中流出来。我一句也听不懂，但内心却感受到一种从未有过的欣喜和宁静。我和它就这样对视着，不知过了多久，仿佛是一瞬间，又仿佛是千万年，天马突然降落到我的面前，我们离得那么近，我几乎能感觉到它的呼吸。我一下子惊醒了……

这个突如其来的梦神秘莫测，我不知它预示着什么。就在我还在探索梦里神秘的气氛、庄严的场景、朦胧的启示，为这个奇梦惴惴不安的时候，我接到了毕业分配通知——我被分配到了新疆维吾尔自治区野马繁殖研究中心。

野马中心坐落在新疆古尔班通古特沙漠南缘的戈壁滩上，位于离新疆省会乌鲁木齐140多千米之外的吉木萨尔县的老台乡西地村西侧。那是1995年8月28日的上午，夏日的暑气还未退去，我坐上了野马中心来接我的吉普车，带着自己的行李，还有一肚子的惊奇和欣喜，踏上了去野马中心的路。路上，我想起了那个梦，也许，冥冥之中自己早已被命运安排了？我觉得自己正走向一扇神秘未知的门。以后的岁月里，我常常将这个梦回味咀嚼：也许我将沿着那个神秘奇幻的启示，去追寻生命的真谛。

一路上，小吉普车兴奋得手舞足蹈，用它那粗哑的男中音不停唱着“年轻的姑娘，欢迎你啊，欢迎你……”已到中年的司机王师傅告诉我，野马中心位于荒凉的戈壁滩上，没有姑娘愿意去，那是男人的世界，大多数都是青年职工。因为环境苦、条件差，大学生根本不愿去那里，就是去了，也待不多久就飞了，有的大学生甚至看一眼就扭头走了。他觉得，我一个小姑娘怎么可能在那样的地方待下去？我对王师傅的话并没有在意，只顾瞪大眼睛去张望路边的景色了。

雄伟的天山横亘在柏油路的南边，四季积雪的博格达峰高昂着它那威严冷峻的头颅，用它锐利的目光扫视着周围的一切。公路紧挨着天山向前延伸，北边和东边就是辽远的旷野，看不到尽头的野草隐没在远处的雾霭里。地平线上方飘浮着巨大的云朵，像童话里的城堡变幻不定。天山的北面是准噶尔盆地，盆地的北面就是植被繁茂的阿尔泰山。这是一片神奇的盆地，有将军戈壁的迷人景观，有魔鬼城的阴森恐怖，有五彩湾的神奇瑰丽，有硅化木的沧桑巨变，有恐龙化石的思古幽情，当然，还有普氏野马的桀骜风骨。卡拉麦里山有蹄类野生动物自然保护区就位于准噶尔盆地东缘。

渐渐地，我的脑子也变得和这无边无际的戈壁一样空旷起来，我忘却了过去，也忘却了前路，似乎可以什么也不用考虑地走下去，就这么一直走下去……

在离乌鲁木齐100多千米处的一个路口，立着一个大约10米高的棱状石碑，上面刻着“幸福路”三个醒目的大字。石碑像是一个巨人，为人们指引前进的方向，路的两边还有一些用作旅舍和餐馆的低矮土房。吉普车开始向北边的国道216线拐去。

“还有十几千米就到野马中心了。”司机师傅说。

我这才醒过神来:“是吗？我怎么还看不到呢？”

“再往前走些，你往右前方看就可以看到了。”

不一会儿，我远远地看到了两三个小白点。

“是那里吗？”我指着小白点方向说。

“是的。”司机师傅回答。

小白点一点点地大起来，从米粒大到鸡蛋大到绵羊大到冰箱大，最后变成了一座白房子，我的目光几乎没有移开过。到野马中心的最后3千米是土路，四周是无边无垠的荒原，土路的尽头就是戈壁深处的野马中心。远远地，我看到几排斑驳低矮的房屋，还有几棵孤独无助的树，茫茫大地此刻显得很有压迫感。往西北方向望去，那里有很多砖围墙和砖房，应该就是马舍了，野马就圈养在里

面。吉普车在土路上跳起了摇滚舞，还非要让我一起跳，这份热情真让我有些消受不了。

车在住宅区最东边的那栋白房子门前停了下来，一个 50 多岁的哈萨克族男子笑眯眯地站在门口，他就是野马中心的沙副主任。我刚一下车，沙主任就热情地迎了上来：“丫头，欢迎你啊！”我随着沙主任进了白房子。

屋子约有 10 平方米，斑驳的屋顶和墙壁都脱了皮，灰色的水泥地上有很多裂缝和小坑。右前方挨墙摆放着一张空荡荡的铁床，床上网格状的铁皮生满了锈，床面有些向下凹陷。左侧靠北墙立着一个蓝色的柜子，漆皮老旧，柜面上摆放着一些文件。柜子前是一张破旧的办公桌，办公桌上的玻璃板下压着一张地图，上面还画着几匹高大威武的骏马。我的目光在这张图上停留良久。对！就是

作者初到野马中心时的职工宿舍

那匹黑天马，它怎么会跑这里来呢？画面上一共有 5 匹不同颜色的马，黑骏马站在中间，正在用与梦中一样的目光与我对视。北面的墙上贴着一副红纸黑字的对联，上面赫然写着“宝剑锋从磨砺出，梅花香自苦寒来”。靠门处是一个积满尘土的铁皮炉子，呆头呆脑的，仰着长鼻子似的烟囱，拐过一个弯，在屋顶上随便捅开一个洞，钻出房去了。

看到这种场景，我的鼻子一酸，泪水不听使唤地落了下来。这时，两个小伙子来帮我把行李搬进了屋，我立即擦干泪水，答谢了人家，便开始打扫房间、收拾被褥。

过了一会儿，沙主任来到我的房间，说要带我去马舍看看野马。我心目中的野马长鬃飘飘，身材高大，野性十足，它到底长什么样呢？它不会咬人吧？为什么要圈养野马而不是放养在大自然中呢？沿着一条弯曲的小路，我们来到了马舍，我带着好奇和些许恐惧第一次见到了野马。

初见野马，我竟有些失望。这些被圈在围栏里的家伙是土黄色的，身材粗壮，但没家马高大，看起来跟野驴差不多。它们的鬃毛没有家马飘逸，鬣毛短短的，一根根直立在脖子上，像板寸一样精神。它们的头很大，下巴骨方方的，胸部宽大，四个蹄子也结实有力。野马蹄腕部毛特别短，没有家马的那么长。如果说家马蹄腕部的毛使其看起来像一个轻歌曼舞的舞者，那野马看起来则像一个短袖轻装的行者。野马的腿上，从膝盖往下颜色都很深，活像打了四条利索的绑腿；背上从头至尾，在脊椎中线，有一条深深的线。

野马脖子上的鬣毛短短的

野马像打了四条绑腿的轻装行者

野马背上有一条深深的线

我走近围栏，野马警惕地竖起耳朵，抬起头凝视着我，眼神里透出一股张扬的野性。我想，这才像是野马嘛。

我注意到围栏的钢管有许多像蛇一样扭曲，沙主任说那是野马打架的时候踢的。你可以想象，碗口粗的钢管，让野马一脚踹去就像条死蛇一样扭曲了。也正因为有这样的好功夫，在荒原里，几只狼根本拿整群的野马没有办法。它们一蹄子就可以让狼的脑袋开花。野马奔跑起来也威势逼人，轰隆隆，像一列火车，拖着一地浓烟就过来了，很是吓人。听说，野马奔跑的速度可以达到每小时 60 千米。

之后，沙主任给我讲述了野马的来历和保护的意义，他的介绍多多少少在我的心中撒下了些使命的种子，让我对野马生起一种同情和怜爱，甚至有了一种同

病相怜的感觉。是啊，野马，我真想对你说：“同是天涯沦落人，相逢何必曾相识。”曾经自由奔放的生命被囚禁，被人类无情地推向深渊，它们骄傲的灵魂经历了怎样的屈辱和悲痛呢？

早就听人说过野马中心的寂寞与艰苦，来之前有男同学还劝我说：“你一个女孩子，千万不要到那儿去，那儿一定会让你发疯的！”是的，我知道，连男生都不愿意来这里，所以在来之前，我已做好了吃苦的准备。但当夜晚来临，第一次一个人站在空荡荡的房间里时，我整个人还是被一种前所未有的寂静和孤独吞没了。

我禁不住想起了先前快乐无忧的大学生活，想着想着，才亮了一个多小时的电灯突然熄灭了。我这才意识到这里没有长明电，只靠一台柴油发电机发电，在天黑后提供一两个小时的照明。我赶紧点亮了蜡烛。在昏暗的烛光中，我猛然发现，那双熟悉的黑眼睛又在盯着我，目光柔和而亲切，眸子里闪动着一种亮晶晶的东西，我的心不禁为之一颤——是那匹压在办公桌玻璃板下的黑天马，它似乎要从画里走出来，对我说些什么，这让我多少有了些安慰。寂静的黑夜里，我仿佛隐约听到了嘶鸣声，是画中的黑马在叫吗？再仔细一听，原来是从马圈方向传过来的，不时还有马蹄敲击铁栏杆的清脆的铛铛声，可能是无法安睡的野马们在打架吧。我也无法安睡，悄悄抹着泪，将自己的伤痛反复咀嚼回味。不过，我终究还是不敌困意，不知什么时候迷迷糊糊地进入了梦乡……

荒漠骄子

普氏野马是有着 6000 万年演化史的“活化石”，是一座巨大的基因宝库。它也是丝绸之路上的一大珍宝，一道别样的风景线。作为世界上唯一现存的野生马种，普氏野马从远古时代狐狸般大小的始祖马演化为今天的个头，是物种演化的典型例证，具有其他物种所无法比拟的生物学意义。

有关野马的记载，最早见于中国新疆的岩画，我国一些传记和史志中也有相关记载。《穆天子传》记载，周穆王西游东归时，曾收到智氏部落的见面礼：“白骖二匹，野马野牛四十，守犬七十。”《山海经》记载：“北海内有兽，其状如马，名曰騊駼。”《尔雅·释畜》记载：“騊駼，马，野马。”

1876 年，欧洲泰班野马灭绝后，欧洲人就认为野马在地球上灭绝了。1878 年，俄国探险家普热瓦尔斯基在准噶尔盆地发现此前一度被认为已灭绝的野马并获取了标本，俄国学者鲍利亚科夫便据普热瓦尔斯基的姓氏将其定名为普氏野马。

目前，普氏野马在全世界仅存 2000 余匹，被世界自然保护联盟濒危物种红色名录列为濒危级物种，是中国国家一级保护动物。它不仅基因古老而稀少，也是马科中的纯血种。与家马相比，野马的生理基因和生理特性有许多不寻常的优越性。现今家马的主体血缘源于野马，因此野马也是研究家马起源和人工选育品系所不可或缺的材料。作为草原生态系统的重要成员，野马在维系生物群落结构与功能的完整性，尤其是在植物和动物相互作用、协同演化上，发挥着极其重要的作用。总之，野马具有不可替代的生物、艺术、美学等多方面的价值。

从野马 6000 万年的足迹里，从它黑宝石一样的眼睛里，从它谜一样的传奇经历里，人们在极力地探寻着野马的昨天。谁会想到，这样的荒漠骄子在百年前，因普热瓦尔斯基的发现，迎来了它悲剧性的命运——被盗猎，被掳掠至异国，在故乡绝迹，而后又回归故乡新疆，绝地复生，成为比大熊猫还珍稀的濒危物种。野马的神秘、珍奇与悲情性，不能不让人心生怜爱。

人们喜欢野马，还因为它是荒漠的精灵、戈壁的魂魄。野马与荒原浑然一体，如血肉般不可分割。没有了野马的荒漠和草原，就如同一具失去灵魂的躯壳，死气沉沉，了无生机。而当野马在大漠中奔腾起来时，那飞扬的神采、俊美的身姿，如跳动的音符，似荒

原脉搏中流淌的血液，死寂的大漠仿佛一下子就活了过来。野马有着自由奔放的天性，从远古奔腾至今，生来就属于大自然，属于戈壁荒原。它不屈服于人类的皮鞭及挽具，它是自由之神的化身。

每个向往自由的人领略到野马那不羁的风采和无拘无束的奔腾，都会心生豪迈，仿佛自己也要同野马一起在无边无际的大漠中奔跑起来。“海阔凭鱼跃，天高任鸟飞。”没有任何牵绊和挂碍，风一般地扫过大漠，任梦想尽情驰骋，去上天，去入地，去追星，去逐月——在每个人心灵的旷野里，与生俱来，不就恣意驰骋着一匹匹野马吗?

野马吸引人的地方，不仅在于它矫健的体形、野性而洒脱的气质以及风驰电掣般的速度，还有它可贵的精神。

野马群纪律严明，具有很强的团队意识。它们是群居动物，一般由一匹公马头领带一些母马组成家族群。野马家族有着严明的等级序列和纪律，讲求团结。在遭遇天敌狼的袭击时，野马群的团队精神会表现得非常突出。与狼群战斗时，头马会带着精兵强将冲锋陷阵，英勇杀敌，将老弱病小护在身后。如果靠单打独斗，野马往往不是狼的对手，但正是这种团结协作的精神，使得野马群在一次次的战斗中取胜，让自己的家族在优胜劣汰的自然法则中日渐强大，最终以王者的姿态，傲然屹立于准噶尔荒原。

野马还有着不服输、不言败的精神。这种精神在野马争夺王位时表现尤为突出。身为一匹野马，最高目标就是当上头领，妻妾成群。为了争夺头领地位，公马们会打得头破血流，甚至战死沙场，野马的野性在争夺战中展现得可谓淋漓尽致。如果两匹公马战成平手，就会各分得一些母马，相安无事；如果分出胜负，战败的一方就会成为孤家寡人或者加入到单身公马群里，悄悄养伤，等恢复了再卷土重来，重振雄风。

公马一生中就这样不停地战斗，甚至到死也不认输、不屈服。在野马王者的词典里，仿佛从来没有“失败”一词。

也许正是骨子里的这种自由高贵和桀骜不驯，让野马千百年来一直没有像家马一样被驯服，却一直深受人类的喜爱和敬佩。

野马的故乡

大概会有很多人奇怪卡拉麦里山何以被称为“山”。虽然它出自北塔山系，但大多数时候，它即使不被称作戈壁或者荒漠，至少也该称作丘陵比较恰当些。

新疆名山众多，南有巍巍昆仑山，中有莽莽天山，北有俊美的阿尔泰山，卡拉麦里山实在算不得名山。当然，这并未影响卡拉麦里山的名声，赫赫有名的有蹄类自然保护区 1.7 万平方千米的区域，就在卡拉麦里山低矮的山群中。在那些远离古尔班通古特沙漠和戈壁砾石的地方，那些靠近乌伦古河的起伏的山坡和平坦广阔的谷地，为野生生灵们提供了丰美的酥油草、针茅等植物。即使靠近沙漠的地方，也顽强生长着梭梭、红柳，虽然没有一棵像样的树，但它们繁茂生长的时候，也颇有一点儿气势。

由于地域开阔，植被相对茂盛，卡拉麦里自古就是野生动物的天堂。在卡拉麦里保护区奔跑生息的家族里，最著名的莫过于野马、野驴和鹅喉羚了。它们是这块土地上的名门望族，在莽莽荒原上各领风骚。

野马代表一个远去的时代，准噶尔的荒原大概还记得它们百年前的雄风。当欧洲、美洲的野马都灭绝后，俄国探险家普热瓦尔斯基在亚洲准噶尔腹地带回的野马标本，让整个西方世界都为之震惊和欣喜。1890 年，德国的格林上尉从准噶尔掠去了 50 多匹野马马驹，运到欧洲后仅存活 28 匹。之后，往昔在准噶尔荒原上纵横无敌的野马灭绝了。英雄野马家族自此没落，仅余的血脉也在异国他乡流浪。对于坐在马背上大大加速了文明进度的人类来说，野马的没落是一个英雄的悲剧，这个帮助人类飞驰过蛮荒的朋友，最终湮灭在蛮荒里。

1986 年，中国在新疆吉木萨尔建立了野马中心。到 2000 年，

这里的野马数量已达百匹以上，野马野放的时机已经成熟。从 2000 年 5 月起，动物及环境专家多次勘测，将卡拉麦里自然保护区北部乌伦古河南岸，野马中心以北 200 千米的一片面积达数万平方千米的戈壁草原确立为野马放归点。这里有较丰富的水源，而且梭梭、针茅等野马喜欢吃的植物也较丰富。100 多年前，这里就是命运坎坷的普氏野马最后的栖息地。专家们认为，野马从这里回归自然、恢复野性的成功率可能会高一些。

2001 年，第一批野马终于踏上了返回荒原的第一步。它们在卡

拉麦里恰库尔图水草最丰美的地方，小心地向外扩张着本该熟悉的领地。这些野性沉淀了百年的野马后裔，正试图在恰库尔图重新建立起百年前那个威名赫赫的野马帝国。也许有一天，我们会像前人一样幸运地看到成群结队的野马在卡拉麦里的腹地奔驰而过，像风和电一样追赶逝去的英魂。

对多数人来说，野马的重要性并非是它在科学上的意义，大家可能更多的是看到它作为一个自由鲜活的生命带来的精神上的启示。他们不在乎它是否做过演化论的模特；不在乎它祖先只有狐狸大，而现在却如此剽悍健壮；不在乎它以前有五个趾，现在演化成了只用一个趾飞奔；不在乎它以前怎样活动在森林，现今怎样驰骋在草原。

人们喜欢野马是喜欢它张扬自由的生命，喜欢它野性十足、激昂放纵的精神。多么渴望看到成千上万匹野马在准噶尔盆地上自由驰骋，在天山底下往复纵横。它们应该是这片土地的主人，应该在此快乐地生活。现在拯救野马，并不仅仅是因为它在科学上的价值，还因为人类认识到了任何一个自由的生命都有生存于这个世界的理由。

野马群的奔跑，有一种奔放、舒展、大气的美感。它们矫健灵活的身姿、骄傲自信的步态、高贵凛然的神情，即使想一想，也会令人激动、兴奋，产生积极向上的欲望。这种自由带来的美感，我们有多久未曾目睹了？

看到过野马的朋友，第一眼可能会将它错认为野驴；而看到过野驴的朋友，往往又将它错认为野马。其实野驴和野马应该算是兄弟，它们同属马科、马属。卡拉麦里目前保护的主要动物之一——蒙古野驴，身材高大，速度惊人，跟野马一样野性十足。在卡拉麦里，野驴算是比较有趣的生灵，带有一种野性天真的味道。开车沿国道行驶，经常可见三五成群的野驴悠闲地甩尾、吃草、打架斗殴。大多数驴群都有哨驴，哨驴负责站在高处，远远地看到车子向驴群开去就发出警告，整个驴群眨眼间就跑得无影无踪。但很多时候，野驴的妒忌、好胜心会战胜它们的恐惧心理，于是一大群野驴就会和汽车展开一场速度比赛。这帮长耳朵的家伙伸着头扬着尾，

野驴群

兴奋而卖力地与汽车赛跑，屁股后面扬起道道烟尘，直到数次超过汽车后，它们才骄傲地扬长而去。奔跑的时候它们形成一队，那种力与美的统一让人看着也热血沸腾。

七八月份，卡拉麦里喀木斯特附近，野驴往往成百上千地群聚。喀木斯特附近草势繁茂，最主要的是沟沟坎坎里聚集了一汪汪雨水。在卡拉麦里的燥热和酷暑里，野驴们感到哪里有一小片积聚的雨水，就会奔走几十千米去饮水。它们熟悉这里的每一片水源和草地。运气好的话，人们可以看到成百上千头野驴奔腾的壮观景象。它们快乐地鸣叫、撒欢奔跑、游戏，像一堵滚动的土黄色的墙，腾起漫天的烟尘。戈壁上因为酷热形成蜃景——本来干燥得要冒火的远处，看起来居然像有一片蓝汪汪的湖水，这些野驴就仿佛在一大片山群包围的湖边自由地嬉戏，并渐渐向深处走去，留下无数嬉闹的背影。这种魔幻般的景色，令人迷醉，也令人遗憾。因为野驴曾差一点儿成为继野马之后，第二个在卡拉麦里荒原上远去的背影。1982 年保护区建立后，它们才渐渐地从仅余几百头恢复到目前的两三千头。

在卡拉麦里穿行，最容易见到的怕是鹅喉羚了。鹅喉羚因脖颈细长、甲状腺肿大而得名，俗称黄羊，但这种黄羊跟内蒙古草原的黄羊不是一回事。鹅喉羚一般以家庭为单位，三五只、十来只结成一小群活动。它们体形小巧轻灵，奔跑起来像荒野里的一串轻灵的音符，在蒿草丛中忽隐忽现。看到有人靠近，它们轻盈地跑开，然

鹅喉羚群

后回过头睁着大大的眼睛若有所思地看着你，再低头吃草。你若再靠近，它们再跑开，到自认为安全的距离，一边吃草一边继续观察你。这些跑姿优美的家伙，渐渐地没入戈壁的蒿草和梭梭丛中。而集群的时候，成千上万头黄羊聚在一起，像潮水一样卷过卡拉麦里，那气势非常壮观。

在卡拉麦里的动物王国里，除了这最负盛名的三种动物外，空中还盘旋着金雕；草丛里还躲藏着有筷子似的长腿、羽毛美丽但不会鸣叫的波斑鸨，它们甩开长腿，跑着跑着又突然蹲到蒿草丛中，保护色让它们与地表融为一体；国道上还经常可以看到一群黑石块似的石鸡；而那些翻飞的百灵，则会一路陪伴着你……

卡拉麦里是名副其实的野生动物家园。在这个人类几乎无法驻足的地方，大多数顽强自由的生灵，只要得到一点儿不被侵占的空间，就能快乐而满足地繁衍下去。它们在天空飞翔，在大地奔驰，带给人们无尽的享受和感动，表现出执着的信念和不屈的生命尊严。

命运的悲剧

野马从古至今，都是人类的大功臣、可信赖的朋友、忠诚不贰的伙伴，然而这个功臣却无声无息地灭绝了。欧洲的野马最早灭绝，这让欧洲人伤心失落了好一阵子。

1878 年，俄国学者普热瓦尔斯基首次在新疆奇台古城至巴里坤的戈壁上猎获了野马标本。这简直让欧洲世界发了狂，普热瓦尔斯基也随之声名鹊起，俄国学者鲍利亚科夫甚至将野马命名为“普氏野马”。野马的悲剧命运从此拉开了序幕，这个一直在中华大地上生活的自由生灵，跟当时的中国一样，被无数贪婪的眼睛盯上了……

100 多年前的 5 月，茫茫准噶尔进入了短暂的春季。一抹抹绿色爬上了梭梭、红柳，然后沿着高低起伏的大地向远方伸展，茂密的灌木丛开出黄色的小花，在春寒料峭中顽强地抖动着。风从遥远的阿尔泰山吹来，一路掠过苍凉的大地，推搡着成片成片的枝干虬曲的榆树，然后撞到天山，沿着天山向东方继续奔涌。这块无边无际的大地自古人迹罕至，野生动物们在这里自由自在地繁衍生息。一群群野驴、鹅喉羚像黄色的巨浪卷过大地，蹄声似闷雷击打着远方的地平线。此时，正是大多数野生动物生产的时节。

来自德国的格林上尉勒住马，眯着眼，视线在荒野的远处来回扫描。地平线上有一大群野驴在奔跑，扬起高高的尘土。他可不喜欢什么野驴、鹅喉羚，这些东西几乎跟蚱蜢一样多，肆无忌惮地在这片广袤的盆地里奔来跑去，不知疲倦。

“休息一下，喝点水吃点饭吧。”翻译骑着马小跑过来，向格林建议。旁边的一些人脸上露出又渴又乏的神色，他们是世代住在这里的牧民，搞不懂这个外国的疯子为什么大老远跑这里来逮野马，这玩意儿有什么用吗？要不是看在钱的分上，谁会跟着这个疯子深入戈壁腹地，奔波这么久呢？

“再找找，今天必须要找到它们。”格林上尉的声音不容置疑。他沿着向导所指的方向，打马奔跑过去。他心里明白，自己并没有正式的入境文牒，是一个非法入境者，而且干的是偷猎野马的勾当。这次偷潜入境，就是为了带回这些稀世珍宝。他倒不是怕被

成年野马和小马驹

清朝边防武官逮住，而是怕失去偷猎野马的机会，失去让自己一举成名的机会。为了这次能够深入中国，他付出了太多努力。好在中国，这个沉睡中的巨狮，并不了解自己拥有什么样的宝贝。野马这样的东西，面临内忧外患的清政府压根就不挂在心上。也许那些西方的游牧文明对马天生具有亲近感吧，而中华大地上的农耕文明虽然有过辉煌的马队，但毕竟不像骑在马背上的民族那样和马有着天生的羁绊。

这也给了格林可乘之机。中国，神奇的中国，有谁会想到，在欧洲乃至全世界都灭绝了这么久的野马，居然在这个泱泱大国辽远的西部生存着呢?

他不禁想起先于自己来到这里的普热瓦尔斯基，那个捷足先登的俄国佬，他只不过将一些野马的皮带回莫斯科，就将整个欧洲，不，整个西方世界震动了！他获得了巨大的声誉，中国西部的野马以他的名字命了名。想到这里，他狠狠地给马加了一鞭，马跑得更快了。他一定要超过普热瓦尔斯基，这回，他要带走真正的活着的野马，赢得更大的荣誉，他相信这块沉睡的荒原不会让他失望。

他们终于找到了一群野马。一大群野马在远处的山坳里吃草，格林一行人站在一处背风的山顶上，仔细地观察着它们。这些野马悠闲自在，只有头马不时机警地昂起头，并迅速奔跑着将离群过远的不懂事的马赶回群里。一些懵懵懂懂的小马驹在马群里撒欢追逐着，全然不知即将来临的危险。

格林上尉从山顶退下来，将人布置在不同的位置，简要地交代了几句。翻译完毕后，那些牧民们都点了点头，翻身上马，从马鞍上解下盘成一团的绳套。他们双腿一夹，嘴里吓人地吆喝着，从山顶箭一般地向马群冲去。

马群一下子炸了窝，头马威严地跑来跑去，将四散而去的马拢成一团，马群中的皇后也协助着它。头马高高地昂起头，引导着马群向没有人冲来的地方撤退。皇后一马当先跑出去，其他的马紧随其后，小驹子也紧跟着自己的母亲奔跑在队伍中间，头马殿后，队形丝毫不乱。荒原上的马群经历过无数次群狼的偷袭，它们早已练就了这些本领。

军人出身的格林上尉不禁暗暗称奇，惊叹于这些野生生命的高度组织性。他甚至对那匹头马心生敬意了。当然，他的目的不是来与野马惺惺相惜的，他是来猎取这些马驹，将它们运回自己国家的。牧民的叫声更大了，紧紧地追赶在马群的背后。奔跑的野马像出膛的炮弹，急骤的蹄声雨点般敲击大地，将牧民的马远远地甩在后面。这些跟群狼搏斗、与狂风嬉戏的野马，怎么会将追赶它的敌人放在眼里呢？野马奔跑的速度每小时超过 60 千米，简直就是一支支掠过荒原的响箭，又有哪个能追得上？

但是马群不一会儿就慢了下来，因为初生的小驹跟不上整个马

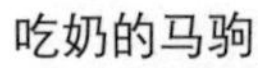
吃奶的马驹

群的速度，而焦急的母亲不愿意让自己的宝贝掉队，所以拖累了整个马群的速度。皇后在前面飞跑，暴怒的头马在群后撕咬着慢下来的母马。它必须得为整个群体负责，母马们无奈地悲鸣着，跟着皇后向戈壁深处跑去。小野马掉队了，它们惊慌失措地向着远去的马群发出阵阵悲鸣，呼唤着自己的母亲。它们毕竟体力不够，只能看着自己的妈妈随着马群越行越远。这正是格林上尉需要的，他知道野马的速度，他们永远不可能追上奔跑中的野马，而用接力的办法追小野马，却可以达到捕捉野马的目的。

这些桀骜不驯的小生命，这些荒原上自由的小精灵，被身后那些两条腿的生命骑着马紧紧追赶，无处可逃。牧民的马累了，立刻就会有接替的马换下来，接着追赶。小野马失去父母的引导，完全掉进了格林上尉布下的重围，不停息地拼命奔跑着。有些跑着跑着，一头栽倒在地，口里、眼里喷出血沫——它们跑炸了肺。没跑炸肺的也四肢累软了，倒在准噶尔冰凉的大地上，再也无法飞驰，任由绳索套在自己的脖子上。格林得意地笑了，似乎看到成功就在不远处招手。将近一个月的时间，他用这种残忍的办法，捕捉到了50来匹小野马。

为了将这些小野马偷运出中国，他费了不少劲。小野马本能地不愿意离开生养自己的大地，它们与绳索抗争，细长有力的四肢像钉子一样钉在地上，头紧紧地勾着，任由牧民们又推又拉，依旧寸步不动。

但野马的智慧怎么能与人类相比呢？一年后，这些野马绕道俄国，坐火车，又远渡重洋，来到了欧洲。原来 50 多匹活蹦乱跳的野马到达欧洲后，存活下来的仅有 28 匹。

这 28 匹野马立刻成了明星，轰动了整个欧洲社会。现在世界上的野马，就是这 28 匹流落异乡的野马的后裔。

最令人痛心的是，外国人偷运走野马之后，野马的厄运接踵而来。自 1884 年起，人为捕猎猖獗，导致野生状态的野马最终灭绝了。蒙古国首先宣布野生状态的野马灭绝。到 20 世纪 70 年代，新疆普氏野马也从它的故乡消失了。28 匹野马成了失去家园的天涯浪子。这简直成了一个莫大的讽刺——德国人的一次偷猎行动，居然成就了保全野马的“功劳”！

新中国成立后，专家们曾组织过几次寻找野马的考察活动。可因为野马跟野驴长得非常像，沿北塔山一线的牧民常常把野驴当成野马，专家们费尽千辛万苦跑去一看，却往往发现是野驴。专家们慨然长叹，野马在自己的故乡已经灭绝了。一个陪伴人类这么多年的挚友，一个追求自由不羁的生命，将自己的英姿永远地留在了北塔山系呼啸的狂风中。从此，人们只能在记忆深处追寻野生野马的精魂。

失去了野马的准噶尔，失去了多少蓬勃的生命活力；失去了野马的人类，前行的路上又多了几分无奈和孤独。

我的辞职报告

我来野马中心的第二年夏天，野马中心调整了领导班子，老主任因病退休了，调来了一个三十五六岁的新主任。

新主任来自林场，他喜欢并习惯于绿树成荫的优美环境，野马中心的荒凉破败景象着实让他有些失望。他下决心要绿化、美化、硬化环境，把野马中心变成荒漠中的江南。当时，野马中心已陷入经费十分紧张的困境之中，因为马匹的数量已超过了所给核定经费能满足的马匹数量的一倍，野马口粮要靠救济款以及到处赊账维持——野马中心在勒紧裤腰带过日子。当时临时工月工资只有200元，正式职工平均月工资300多元，没有一分钱的野外补助。饲养人员流动性很大，对野马饲养工作造成了较大影响。野马24小时都需要人守护、喂养，马舍值班正常需要6个饲养员，每班2个人，早中晚三班倒，8小时为一班。但是，比较稳定的也就那么两三个人。因工资过低，临时工一时半会儿又招不来，饲养人员不得不加班加点工作。技术人员短缺、技术条件落后、盐碱地、地下水不足、没有长明电、交通不便、通信不畅等种种困难，新主任都一一进行了了解。

但是，新主任年轻气盛，没有被困难吓倒。他发表了斗志昂扬的讲话，号召全体职工要发扬自力更生、艰苦奋斗的精神，要用自己的实际行动来改善工作环境。为此，他制定了一系列新举措。

首先是植树造林。为了保证树的成活率，树坑要挖 1 米深、0.8 米宽。种葡萄的坑长达 200 米，要挖 2 米深、1.5 米宽。坑挖好后，从几十千米之外的地方拉来沙土填进去，最上面再盖一层厚厚的马

作者（右）参加植树工作

粪。每种一棵树都得从远处拉土、填土。看来，要把这千里荒漠变成绿色江南，无异于愚公移山呀。有些地方地面十分坚硬，往下挖了二三十厘米还有很多硬石头，大家因此把铁锹、铁镐、钢钎等都用上了。

饲养员从马舍喂马回来也不休息就去挖树坑。我也和大家一起挖，可是等小伙子们的任务都完成时，我却手上满是水泡，连一半任务都没完成，最后在小伙子们的帮助下才完成。

这次拉来的树苗是有碗口粗的圆冠榆，根基处带着和树冠一样大的泥团，此外还有苹果树、葡萄树、榆叶梅，全都栽上了。“我在林场种了十几年的树，我就不信这回树还不活！”树栽下去后，新主任信心满满地说。

紧接着就是给树浇水。我们靠一眼离生活区有 2000 多米远的机井抽水浇树，这一浇发电机就得没日没夜地发电，一刻也不能停。一连好几天既要种树又要喂马，大家都累惨了。新主任穿上一双大胶鞋上阵，连续三天三夜都没有合眼，终于把树给浇完了。大家劝他休息一下，他说后面还有好多活呢，机井水量小，离得又远，停下来会耽误事。

之后，我们又搭了葡萄架，在种葡萄的地里种上了南瓜、葫芦。房前屋后也开辟出来，种上了西红柿、辣椒、豆角、茄子等蔬菜，最后还撒了一些花种子。

住宅区西北方向有 40 亩土地，是以前开垦出来的。野马中心以前种过两年向日葵，但因为是盐碱地，没有什么收成，这块地就被弃之不顾了。领导想改良土地，变废为宝。他请来一台拖拉机耕地，种上了小麦。浇灌是最困难的事，因为机井水量小，还得不停地发电。春天正是大风肆虐的时候，狂风卷起尘土直往人的七窍里灌，让你睁不开眼，走不动路，嘴里满是沙尘。夜里浇灌还得打着手电，在泥里深一脚浅一脚地艰难行走，一不小心滑倒在泥里半天都起不来，第二天回来往往就成了一个泥人，谁也认不出来了。

下一项举措是铺路。野马中心有这么一个说法："野马中心少三头——木头、石头和丫头。"树已种上了，但石头和沙子还得从几十千米外拉。有一天，我感到浑身酸痛，头重脚轻，实在想打退堂鼓，领导来叫我时我想说不去，但话到嘴边又咽了回去，强忍着泪上了去拉石头的车。晚上回来后，我累得晚饭也吃不下，独自呆坐在房间里。突然，我听到一声"唧唧唧"，原来是一只黑色的蟋蟀在办公桌下望着我。它摆动着两个长长的触角，见了我也不躲避，又"唧唧"地叫了两声，好像在对我说着什么，大概是在劝我别伤心吧。这下引来了夜幕深处许多蟋蟀伙伴的共鸣，它们开始了大合唱。我心里一下好受了许多，这些黑色精灵清脆悦耳、欢快奔放的歌声，给我孤独的心灵带来了莫大的慰藉。

铺完路，新主任又安排我写宣传标牌。我用白油漆在一张张刷了蓝色油漆的铁皮上写下了"野马中心简介""普氏野马简介""繁殖国宝，振兴国威""让野马首先在我国回归大自然""保护野生动物就是保护我们自己"等。这些标牌写好后立在了路的两边。

大家一天也没休息，又马不停蹄地打地坪、给新床刷油漆、扩建羊舍、修建鸡舍、给羊修建药浴用的池子、给羊圈铺草垛子……

转眼夏天来了。野马中心的夏天很热，地表温度有时候高达五六十度，无边的戈壁上因为酷热会在远处的地表形成蜃景。知了在沙枣树的深处拼命地叫，暑气蒸腾上来，太阳从四面八方射过来，躲到什么样的阴凉底下都能让你感受到它无微不至的火样热情。天山在热气中有些中暑似的摇晃，土路上爆起灰尘，站在太阳底下一会儿，人和马仿佛都会跟蜡烛似的化掉。马舍的铁围栏在亮晃晃地流动着，像是被太阳烤化了，麻雀天天用它那冒着烟的喉咙狂叫着“热热热”。

这个时候也是野马中心最忙碌的时候。中午最热的时候，我们必须在马舍值班，做好野马的防暑工作。每次去马舍前我都要喝满满两大碗绿豆汤，野马中心食堂里那一口大锅内绿豆汤总是波涛荡漾。饲养员们特别注意妊娠母马和新生幼驹的管护。他们把马舍打扫得干干净净，洒上水，还会给野马吃汁水四溅的西瓜，并给它们喂防暑药。但野马经常不领情，它们不在我们特意打扫出来的阴凉房间待着，反而自个儿寻找乘凉的地方，只有到蚊虫最多的时候，它们才会钻到圈舍里来。它们的饮水量也增大了好多，水槽里总是得加满水。最让人操心的是那些刚出生的小马驹，玩累了倒头就睡，一点儿不顾酷热的太阳。这样的情况下它们最容易中暑，于是饲养员们每隔半个小时就要挨个场子巡视一遍，把那些贪睡的小驹轰起来。

比太阳更热情的是蚊子和苍蝇，它们总是在野马的眼睛、鼻子、屁股周围爬来飞去，所以野马在夏天总是不停地甩尾巴驱赶蚊

野马在喝水

蝇。蚊子们还每天给我们发很多很多“红包”，真让人消受不了。

夏天另一件大事，就是给野马们准备过冬的食物——饲草。这里的土地土质差，盐碱度高，饲草没办法生长，草料都是从距野马中心几十千米外的乡镇购买再拉回来的，大部分调草任务需要在炎热的六七月份完成。随着野马数量的增加，需要的饲草料一年比一年多，购草的任务一年比一年重。为了顺利完成任务，野马中心工作人员不得不放弃休假，起早贪黑地工作，在饲草的购运、验收、贮存上分工负责，相互配合，严把质量关和数量关，按标准、按要求进行购草、卸草、垛草。因为这些事情季节性很强，过了时间就调不来好草了。

我不得不每天顶着太阳数草，做好饲草的验收和入库工作。卸草人员主要是马舍的几名年轻饲养员。每天十几车草，他们天刚亮就去卸，中午吃完饭顶着烈日接着干，一直到天黑才收工，回来吃过饭后，倒头就睡。开始两天小伙子们干得挺起劲，之后就累得有些支撑不住了。特别是中午的时候，骄阳似火，小伙子们汗流浃背。为了防止中暑，他们头上裹着湿毛巾。四处飞扬的草叶和灰尘混合着汗水，沾得他们满身都是。方方正正的草垛越堆越高，越高就越难往上垛。野马们伸头朝草堆张望着，不知道它们是否理解这里每一位工作人员的苦心。

我去马舍喂马是从那年冬天开始的。天气越来越冷，已经下了好几场雪，空气仿佛都冻住了。外面几乎看不到活物，每次出门脸就像被刀割一样，浑身的衣服一下子就冻透了，没有一点儿热气。阳光有气无力地飘浮在荒原上，蒿草的尖在冷风中无力地抖动。这时候再吹个风，那简直就像老大操了一把冰冷的刀，在收割空气中尚存的一丁点余温。

天刚蒙蒙亮的时候，饲养员就开着小四轮到草舍拉草喂马。小四轮突突突的声音撞破了冬天荒原无边无际的寂静。马儿们远远地听到草车的声音，一个个兴奋地打着响鼻，奔跑着冲到草车的跟前。我们一个人开着车沿围栏走，一个人站在草堆上把一捆捆的草叉进围栏里。一大群野马像嗷嗷待哺的孩子，昂着头排成一溜追逐着草车，一大团哈气围绕着它们。一捆草落地后，马儿们立刻上前，一点儿不顾风度地抢着吃，吵成一片，有时候还互相撕打，头马和皇后要确立自己的优先权，其他的马则想尽一切办法先偷儿嘴。草一捆一捆地被扔下，争吵嘶闹声渐渐小了，每匹马各得其所，各取所食。草全部扔完了，野马们才渐渐平静下来。追到草的马立刻围着草静静地吃起早餐，轻轻摆动尾巴。在这个寒冷的早晨，马场中回荡着马儿们沙沙的咀嚼声，间或夹杂着几声马的咳嗽声和人的跺脚声。

马吃完了草，马场里四处都布满了一堆一堆冒着热气的马粪，热气还没升腾多久，粪堆就成了一堆冰疙瘩，矗立在寒气中。更多的是不知什么时候冻得跟黑铁团似的粪堆，一团一团蠢头蠢脑。我们又赶紧开着那个突突突的老爷车去拾粪。粪堆顽固地赖在地上，拿铁锹铲好几次才能铲下来。拿起那笨重的方锹铲第一锹粪时，我

野马在抢着吃饲草

心里就难过得要命，真想扔下就走。我戴着大口罩，穿着带有帽子的厚棉衣，眼睫毛、刘海和帽檐上都结了一层白霜，上下眼睑像是被胶水粘住了一样，冻得我又是搓手又是跺脚。

晌午的时候，又到了马喝水的时间，我们将水车拉出来，从值班室里接出没有被冻住的水，拉到每个马场的水槽中去。先把水槽中的冰用铁镐清理掉，再将水车中的水放进去。吃了一个上午的草，野马早就渴了，都围拢到水槽边，伸出嘴扎到水里，喝完后嘴里冒着热气，胡子上结满冰珠，肚子里咕噜咕噜地响几声，再满意地甩甩头，龇龇牙，一步三摇地向开阔处走去，寻找温暖的地方活动。水槽周围没几天就会结上一层冰，有的马小心翼翼地走，偶尔表演几个滑步，性子急的就会摔倒。这时候值班人员又得拿着镐，一镐一镐把冰清理掉露出地面，或者在冰面上撒上炉灰，防止这些活宝们摔倒。

喂完了水，抓紧时间将冻硬的关节暖一暖，又要从菜窖里用小拉车将冰冻胡萝卜拉回值班室，用水将胡萝卜洗净，用切萝卜机将胡萝卜切成片，然后拌上精料，给野马端上去。这是野马冬天最精美的大餐，野马知道喂料的时候要到了，在场里开始不安地骚动，排着队沿围栏转来转去，见到人来就蜂拥着冲上去，伸直脖子问人要吃的。一见人拉着料车走过来，它们就一齐兴奋地冲上去，等不及料撒到料槽中，就将嘴伸到料车里，大口大口地抢着吃，嘴上、下巴上沾满了料还不满足，一口没咽下，另一口又含到了嘴里，贪吃的样子让人忍俊不禁。我们用铁锹将料一堆一堆地散放到地上，

野马在享用大餐——胡萝卜拌玉米粉

野马们围着料堆，大口大口咀嚼起来。有一些马很贪心，没分给它的时候它抢别人的料吃，分给它后三口两口吃完自己那一份又跑去抢别人的料。我们每次给野马喂驱虫药的时候，就把药拌在野马的美味大餐里，这样一定能顺利地完成任务。

野马一天需要喂四次草，饲养员屁股还没坐热，就又到了喂草的时候。最后一顿草是晚上 12 点，俗话说“马无夜草不肥”，为了野马的肥壮，饲养员常在西北风呼啸、大雪纷飞的夜里，打着手电给野马喂草。

寒流很快来了，它们无声无息地流过天山，流过茫茫大地。那部鞠躬尽瘁的老爷车冻坏了，再也打不着火。这个时候值班人员就比较惨，需要用人力拉着铁皮车代替老爷车去拉草、清粪、除冰。地下的水管有时会冻住，就需要用铁镐将冻土挖开。地面顽强似铁，一镐下去，震得人虎口发麻，地面却只有一个白点儿。最可怕的是切萝卜的机器也损坏了，饲养员们不得不用菜刀每天把上百千克洗净的胡萝卜切成薄片。大家手上很快就布满横七竖八的裂纹和一个个水泡。

一天忙完了，炉火轰轰作响，墙上的钟嘀嘀嗒嗒地打发无边长夜，黑暗里偶尔传来野马的梦呓。外面的天黑乎乎的，冷风吹得星星摇摇欲坠。饲养员们推开门，打着手电筒开始巡视。见野马们像孩子一般熟睡了，饲养员们才放心地走回住处。只有这时候，他们才能回到亲人身边，听听他们的欢声笑语，抒发浓浓的思念。野马们在周到细致的照顾下极少发病，它们正在积聚着重回荒原的力量。

一年下来，野马个个又肥又壮，室内外环境也改善了许多，但

大家却都变成了黑炭，皮肤一个比一个黑。男同志黑似乎没什么，而对于向来爱臭美的我来说，真有些接受不了这几乎被毁容的现实。我整天对着镜子照啊照，实在不愿意承认镜子中皮肤又糙又黑的人是自己。

生活区五栋房子在冬天都安装上了暖气，每栋房子有一个小锅炉，领导让我搬到一个紧挨锅炉的房间负责烧锅炉。我这个“小黑炭”每天都要和一堆堆大黑炭打交道。这一年多来积压的委屈在那一瞬间爆发，我那颗公主般高傲的心碎了一地。我实在忍受不下去了，我要离开这里！

于是，我毅然写了辞职报告……

“小黑炭”养成记

就在我写好辞职报告的那个晚上，零点刚过，我正准备就寝，就听见有人在敲我的窗户：“一个马娃子病了，快去马舍！”我赶紧穿上棉衣，拿上手电，在比黑炭还黑的夜色中匆匆赶去马舍。

在手电筒的照射下，我看到小马驹小黑炭侧躺在3号场地的水槽边，绿莹莹的眼睛里满是痛苦。它的鼻梁骨外有一小块皮肤烂了，正流着血，我过去想将它赶起来，却发现小黑炭的右前肢向后拖拉着，疼得不愿走动。水槽边结了不少冰，也许小黑炭是在奔跑时不慎滑倒受伤了。我想去扶起躺在地上痛苦呻吟的小黑炭，自己却差点儿滑倒。

野马中心领导立即召集大家抓马，把小黑炭隔离到了西马舍值班室。经检查，小黑炭右肘关节严重脱臼，兼有皮下组织损伤。我没有接骨的经验，野马专家曹教授连夜赶到了野马中心，给小黑炭把脱臼的关节接上了，还用竹板固定住，然后给它输液并打了封闭针。曹教授开好处方，让我以后按此方治疗，并嘱咐我说伤筋动骨100天，一定要精心医治和护理，小黑炭最少得三个月才能恢复正常。

为了给小黑炭疗伤，我也暂时将辞职这事忘了。小黑炭出生时的情景不由得浮现在了我的脑海里，它是我来野马中心后目睹完整出生过程的第一匹小马驹。野马多在夜间或凌晨产驹，白天少见，晴天多见，阴雨天少见。小黑炭出生前两天，它的母亲道奈斯卡已出现了明显的临产征兆：腹围很大，腹部下沉，步履缓慢，两后肢歇蹄较频繁，黑黑的粗大的乳头滴出亮晶晶的奶滴。小黑炭出生前一天，绵绵阴雨下了一天一夜。出生当天早晨，天气放晴，天蒙蒙亮，我就踏着泥泞来到马舍，想看看道奈斯卡是否已分娩。

我到后发现道奈斯卡显得很烦躁，想要从早餐的马群中离开，并时时回头望向自己隆起的腹部，尾巴高高地翘起，哗哗地排了很多尿液。它走到小草库门口低凹处的一摊积水旁边，顺势向左侧卧倒，随后略带红色的羊水流了出来。道奈斯卡喘着粗气呻吟起来，约过了两分钟，一只黑黑的前蹄露了出来，接着又一只前蹄出来了，然后是一个黑乎乎的小脑袋，再然后是身子，最后裹着一层薄膜样胎衣的后肢也出来了。这时，道奈斯卡轻松地舒了口气站起来，与马驹连着的脐带自然断了。马妈妈开始在这个黑黑的小家伙全身上下亲昵地舔起来，它们的影子倒映在积水池边。正在值班的一位有经验的老饲养员也走过来看道奈斯卡，他说："这匹马昨天就该下马娃子的，因为下雨才憋到了现在。"因为小黑炭生下来黑乎乎的，像它这么黑的马很少见，我就给它取名叫小黑炭。

在受伤的第一个月里，小黑炭被关在值班室里，我们用桌子和床把它朝北墙方向围了起来。为了防止它在房间乱跑碰着火炉或往墙上跳加重伤势，饲养员 24 小时守护着它，给它端吃端喝。每次打针换药，小黑炭一看到注射器和吊瓶，就慌乱地四处躲避，还往墙上冲，根本就顾不上伤痛。饲养员把它按倒在地，它四个蹄子还不停向外用力蹬着、挣扎着，嘴里呼哧呼哧地喘着气。当我把针扎到它脖子上或者肿起的患肢上时，小家伙总是拼命地想从人的手中挣脱出来，但这反而让大家把它按得更紧了。它的眼珠子气得鼓鼓

刚出生不久的小黑炭和妈妈

的，像是要炸了，还不时翻着白眼，那里面不仅有恐惧，更多的是怒火。这让我一下想起自己小时候每次去医院打针时大哭大闹的情景，小黑炭现在也一定在骂我、恨我吧?

家马输液时，一般会老实地站在那里，我们只要把药瓶往吊瓶架上挂好就行。野马就不一样了，野马的吊瓶架需要人来充当，得有一个人一直站着举吊瓶，其他人则蹲着按住野马的四肢、头、屁股等。蹲的时间长了腰腿会发酸，所以稍不留神，小黑炭突然挣扎那么一下，就会让正在输液的针头跑了针，这时就得重新扎一次。

小黑炭的伤一天天好起来，走路时患肢不再耷拉下来向后拖着了，基本能够正常地走路了。于是，我们把它从值班室转到了一个推拉式铁门的隔离间。门上有马驹头那么宽的竖条状空隙，用不着人天天守在跟前，但消炎针还是要天天打。每次望见我过来，不管我手里有没有注射器，它都会像见了仇人一样瞪着凶恶的眼睛伸着头，龇牙咧嘴地向我示威，有时还会冲过来咬我，当然结果只是将自己的嘴一次次地撞在铁门上。

与小黑炭同时生病的还有野马中心羊圈里一只瘦骨嶙峋的大黑白花奶牛。它患上了肠胃炎，不吃不喝还拉稀，每天得给它挂两次吊瓶。时值三九天，常常是寒风呼啸、大雪纷飞或起大雾的天气，我每天就迎着风雪往返于马舍、宿舍和羊圈之间，锅炉也没有好好烧，房间冻得跟冰窖似的。

转眼春节来了。大年三十这天，主任把他的爱人和孩子都接到了野马中心。小黑炭还病着，他要在野马中心值班，我当然也不能回家。炊事员回家过年了，年夜饭是主任和他爱人做的，我和没有值班的饲养员也帮忙打了杂。

比起平时的萝卜、白菜、土豆这老三样，年夜饭真是丰盛极了，可以说是我来野马中心一年多里最丰盛的一顿，清炖羊肉、红烧鲤鱼、大盘鸡等十几个菜摆了满满一桌。这是主任来后新买的一张专门招待客人用的圆桌，淡咖啡色的桌面中央有个可旋转的茶色圆盘状玻璃。这张新桌子放在食堂的西北角，还配置了十几把灰色的新折叠椅。西边和东边的墙边摆了两张大家平时吃饭用的旧方桌和几把条凳，东南面的墙角有一个绿色的放餐具的三角柜。食堂东边有一扇门，门窗与厨房相通，大门朝南开。门的右侧有一扇窗户，北面、西面墙上各有两扇窗户。西面两扇窗户之间的墙上挂着一块青山绿树流水的匾，白色的天花板上横着三个日光灯。窗户和室内的用具都被擦拭得干干净净，食堂的暖气烧得很足，只听见锅炉的水箱在咕噜噜地响着，将腾腾的蒸汽和热水通过一个黑色的胶皮管子吹向地上的一个水桶里，像是在满怀热情地庆祝新春呢。

食堂在秋天就用白石灰粉刷一新，水泥地是新浇的，十分平整。此时的食堂显得整洁、宽敞、亮堂又温暖，餐厅里飘溢着诱人的菜香，与我初来时的破旧模样相比完全变了样。大部分人都回家过年了，围坐在圆桌边的只有七个人：我、放羊老汉、两名饲养员及主任一家三口，还有一个饲养员正在马舍值班呢。主任说："今天是大年三十，但野马饲养工作一天也离不开人，所以我们几个春节就留在这里值班，大家辛苦了！祝大家新春快乐！万事如意！"

没顾上吃几口菜，一直心事重重的我就再也坐不住了，趁着泪水还没有流出来赶紧出了食堂，回到房间里往床上一趴就呜呜地哭了起来。

“每逢佳节倍思亲”，这是我在外过的第一个春节，此时此刻我多么想和亲人在一起啊！在这荒郊野外，没有一个亲人陪在我的身边，也不能给家里打个电话，听听亲人的声音，我多想把自己一肚子的委屈都说给他们听……

恍惚中，只见有无数尖刀般的目光从四面八方向我嗖嗖飞来，痛得我对着凄冷黑暗的夜空声嘶力竭地呼喊。呼声将整个戈壁都震得摇摇晃晃，把屋内的灯泡都震掉了，“啪”的一声落在地上碎了，我陷入了无边无际的黑炭一般的黑暗里。突然，一个个黑乎乎的面目狰狞的魔鬼出现在我的面前，张开血盆大口，伸开长着尖利长指甲的双手向我逼来，我吓得大喊救命，想逃跑却一动也动不了……我一下子吓醒了，发现自己没脱衣服，没盖被子，蜷缩在床上冻得发抖呢。原来是一个噩梦。我赶紧起来去看锅炉，发现火还没有灭，就往炉腔里填了些煤，继续上床睡觉了。

大年初三，我和主任一起在马舍值早班，这是我们第一次一起值班。“那三个饲养员已经连上好几天班了，今天让他们缓一缓，好好休息一下。”到了马舍，主任对我说道。

上夜班的人在早晨下班前就给野马喂过一次了，我来到马舍时，野马们正在吃早餐呢。我主动拉了水车到西马舍值班室门口，将一截黑胶皮管的一头接上水龙头，另一头放入水箱口，拧开水龙头放水。水箱满后，主任拉着水车去给野马饮水。

下面就是清理马粪。小四轮拖拉机冻住了，我们只好用一个铁皮手拉车拾粪。手拉车约有一米宽、两米长、一尺高，前面有两个一米长的手柄。主任拉着车，在马粪多的地方停下来。我们拿着一把大方头铁锹，将地面上冻得跟铁疙瘩似的黑马粪蛋一锹一锹地往车上扔。一车粪装满后，主任拉着小粪山从 3 号场南大门出去，倒在门前二十几米远的马粪堆积处。

拾完粪后，我们又去大草库内的菜窖拉胡萝卜。萝卜窖在草库北面的地下，大约有八十米长、十米宽、三米深，地面和墙都是红砖砌的，窖顶有个烟囱状的通气口。沿着窖南一个约与地面成三十

作者和长大的小黑炭

度角、长十米的斜坡下去，有合页状的铁皮大门，冬天为了防止胡萝卜冻坏，我们在大门外挂了厚厚的毡子。夏天，窖内特别阴凉，用来存放给野马防暑用的西瓜。卸草热得受不了时，饲养员就会跑进去乘凉。我们走进窖里时，里面漆黑一片。我将手电打亮，隐约看到地面上胡萝卜堆成了小山丘，上面结了一层白霜，用脚一踢，硬邦邦的。我打着手电，主任装起了胡萝卜。车子装满后，我们一前一后使劲推着车子上了坡。等我们把胡萝卜卸到值班室里时，已将近中午一点，该是野马的午餐时间了。我们又赶紧拉着车子，拿上两把铁叉去草库装苜蓿草。苜蓿叶夹杂着灰尘扬了我满身，有时溅得满脸都是，还会进到眼睛、嘴巴里。我尽力装出毫不在意的样子，一声不吭地干着活儿。车装满后，我们又将草一捆捆撒给簇拥而来的野马们。等喂完草已经两点多了，主任让我先回去吃午饭。半小时后我回来，他才去吃。

开春时，小黑炭完全康复了，被放回了马群中。我们开始为野马防疫和繁育做起各项准备工作。一忙起来，也顾不得如刀春风在我黑炭一样的脸上横七竖八地胡刻乱划了。至于辞职的事，或许早被风刮跑了吧。

围栏里的野马帝王

大帅是野马中心一匹大名鼎鼎的野马帝王，它出身于高贵的英国贵族家庭，肩部两侧带着“V”字形的深褐色燕尾族徽——这是英国引进马的遗传特点。它的父亲是野马中心建立以来功勋最为显赫的英国马飞熊；母亲叫玛丽亚，也是一匹英国马，漂亮而健壮。继承了父母优秀基因的大帅有着超强的繁殖能力，是继父亲飞熊后最优秀的种马。它的群体发展得很快，短短几年时间，就由最初的9匹发展到30多匹，并且个个体格健壮、品质优良，是野马中心最大、最优良的群体，也是我们心目中寄望于将来能够重征卡拉麦里荒原的第一支主力队伍。它们原来是在7号场内，后来野马中心专门在7号场北面开辟了3000亩的大围栏，营造了一个类似于卡拉麦里荒原的环境，将大帅的群体放进去进行适应性训练。大帅果然不负众望，突出地表现了一个野马头领管理家族的能力。

我第一次看见它时，它正站在围栏里向戈壁深处眺望。它背倚天山的挺拔身姿、肃穆庄重的神情、坚毅深沉的眼神，无一不透露出那份浸透了准噶尔气质的王者气派。我立刻被它那种深植于骨髓和血液中的野性和自由所吸引。

看到我走近围栏，大帅警惕地竖起耳朵，转过头凝视着我，眼神里迸射出一种精神抖擞、野性张扬的神采。多么熟悉的眼神，在我的梦里，在那匹黑天马的眼睛里，我也曾读到过这种让我内心震撼的东西。这就是真正的野马，肌肉强劲，神情狂野，浑身上下散发着征服一切的自信和勇气。

野马大帅

我和它隔着围栏静静对视。秋天的夕阳映红了它身后高耸的天山，阳光在它那直立的板刷一样的鬣毛间闪闪跳动，为那优美弯曲的弧度增添了迷人的动感。它的嘴唇泛着白色，长着一些稀疏的硬撅撅的黑胡子。也许是我们在梦里曾经见过，它眼睛里的敌意很快就消除了，我甚至读出了一些亲切。不过当我想再靠近一些的时候，终究还是止步于它无声的威严。

静静伫立的大帅突然仰起头对天长鸣，暗金色的鬣毛在它粗壮的脖子上抖动。分散在围栏里的大大小小的野马开始向它聚拢。最先向它走来的是它美丽的妻子——皇后绿花，紧接着，它的其他家族成员一个挨一个地接踵而至……

这是它们日常生活的图景：

野马家族群

皇后绿花在最前头开道，大帅在后面压阵，野马们悄然有序地排成一列，沿着一条早已踩出的弯弯曲曲的小路向围栏深处走去。

到了饲草丰沛的地方，家族成员就三五成群地觅食。母马们带着自己的后代专心地采食鲜草，而大帅则在一旁警惕地观察着四周，每当发现哪匹马吃得太专心掉了队或者离群过远，它就跑过去，慢慢地跟在后面，头颈向前伸向地面，双耳后抿，威严而坚决地将它圈进大群体之内。有些野马有时不大听话，它就会冲上去追咬，这就保证了它的家庭成员们总是有组织、有纪律地集中在一起活动。

大围栏内没有水源，吃完草后大帅将群体赶回 7 号场内，让马群去喝水槽内的水。它跟在群体后面，把那些贪玩掉队的马一匹一匹都圈进队伍。喝完水后，马群就在场地内集中休息。天气炎热时，它们在圈舍内乘凉，气温降下来后，大帅又带它们出去采食。

因为群体内马匹数量很多，大帅经常就这么跑来跑去，以保证自己的家族成员在自己的控制范围内活动。大帅的家庭责任感很强，将家庭管理得井井有条，圈群能力非常突出。除了每天带着妻儿们一起吃草、喝水，它还承担着保护家庭的重任。

大帅群体得到的非同一般的待遇受到了众野马的瞩目，尤其是公马群的马。它们争相跑到与大围栏相邻的铁门边，遥望大围栏内的母马，眼睛里充满了羡慕。这也引来其他各场地头马们的嫉妒，它们心里感到很不平衡：大帅有什么了不起？它哪些地方比我强？它凭什么拥有那么多的妻室？它凭什么占有那么宽广的地盘？有本事，就过来和我比试比试！

于是，种马们经常用蹄子使劲地敲击大门，向大帅宣战。

对于有意挑衅滋事者，大帅并不会置之不理，它会冲过去与它们奋勇格斗。它要给它们点颜色看看，好让它们心服口服。有时，大帅跑得过猛，到了大门前刹不住脚，伸长的脖子或头常会哐地撞到栏杆上。它们就这样经常隔着栏杆或大铁门争斗，用蹄子狠狠地踢打大铁门，或将头伸过栏杆追咬对方，两耳向后抿，怒目圆睁，头颈前伸，嘴里不时发出粗重的哼哼声恐吓对方。最惊心动魄的时刻就是两匹公马同时立起，用两个前蹄像拳击一样对打。持续几秒钟后，它们忽地将两只悬空的前蹄落到地上继续奔跑，相互追逐并

“打拳击”的野马

围栏也阻隔不了的战火

扑咬对方。

打斗期间，头马们常会在大门前或围栏边扬尾排粪或者再撒泡尿，这就算是“跑马圈地”了——通过排泄物划出自己的势力范围，并警告对方不准侵犯自己的地盘。当你走到大铁门边时，一定可以看到一堆堆的马粪，那是公马们示威与警告的象征。群体内的其他母马撒尿或者排粪后，头马都会跑到跟前嗅一通，然后再在上面撒泡尿或者也排一点儿粪，或许头马正是通过这种方式表示对自己妻儿们的识别和占有吧。

我经常看到大帅抬头北望。它那坚定中带着忧郁的身姿经常会让我去揣测：它在想什么呢？

北方是水草丰美的卡拉麦里，是准噶尔最甜蜜的土地，是 100

多年前野马们最后的故乡。也许从遥远的北方吹来的卡拉麦里的风，带着故乡亲切而忧郁的呼唤吧？也许那苍茫的大地，唤醒了它对祖先留在血脉里追逐狂风的记忆吧？故乡就在面前，大帅却只能止步于围栏。

大帅已经不是一匹年轻的马了，它的年龄已相当于人到中年。

我当然知道野马中心多年来所有艰辛都指向野马归野。我也知道第一个率领马群冲出围栏走向荒野的头领，很可能就是眼前这匹英武神勇的准噶尔大帅。它也知道吗？它准备好了吗？自从做过那个神秘的天马之梦后，我总觉得自己与野马已能进行真正的交流，但我现在似乎仍然读不懂这位深沉的头领的心思。我想大帅一定在渴望着重回卡拉麦里，重新自由自在地奔驰，而不愿像其他野马一样，无奈地屈死在围栏里。

每次望着大帅凝神眺望的身影，我似乎都可以感受到一种自信与勇气交织着的渴望，一种忧郁与坚忍交融着的压抑。真想走进它的内心，看看里面有多少理想与现实冲突的无奈与坚持。

我与野马王子

其实仔细观察起来，秋天的戈壁挺美的。不远处，天山的巨大冰冠在越来越高远的天空的映衬下越发冰清玉洁，戈壁上零星的几棵树的叶子变黄了，沙枣树上挂满了沉甸甸的果实，天空中经常可以看到南飞的雁群。这个时候，戈壁上会开满一种红色的小花，白天看着平淡无奇，但是当夕阳西下，阳光斜射到细碎的花瓣上时，那些花瓣就会显得娇艳欲滴，一片一片红彤彤的，像是大地上落了一层轻柔的晚霞。这些美景使我的情绪也平静了下来。

有一天，我把兽医室堆放的杂物整理完后准备往外走，刚走出兽医室的大门，就遇到了一份意外的惊喜。一匹小野马突然从马群里远远跑来，嗒嗒地向我这边冲过来，然后猛地停在我的面前。我吃了一惊，随即也立住不动。小野马睁着好奇的大眼睛，两条细长的前腿用力撑着地面，肚子因为奔跑而一起一伏，嘴唇上面长着几根软沓沓的胡须，显得有点儿可笑。

我小心地往旁边挪步，想从它身边绕过去，没想到小野马也往旁边一跳，拦住我的路，晃着脑袋，还伸直鼻子往我身上凑过来。我转身往回跑，小野马比我的速度还快，几步就挡在了我的面前。它用蹄子轻轻地刨着地面，一下一下点着头，大眼睛欢快地闪啊闪。我被逗得扑哧一声笑出来，心想，多么奇怪的小家伙啊，它是不是想和我一起玩耍啊？

盛情难却，我蹲下身子，慢慢伸出手，轻轻地摸了摸小马的脸庞，小马也伸出鼻子嗅我的手，热气喷到手心里痒痒的。然后，它又往我怀里凑了两步，用嘴啃食我的衣襟。

这是一匹小公驹，长得四肢修长，清秀而健康，我摸着它的脸庞对它说："你好，小家伙，你就叫野马王子吧。我现在还有事，不跟你玩了。"但小野马根本不放我走，非缠着我，我走到哪里，它就跟到哪里，拦住我的路，身子往我身上凑，亲昵地啃食我的衣襟。无奈之下，我只好叫来饲养员帮忙，才算摆脱了这匹淘气的小马驹的纠缠。

事后，饲养员告诉我这是少有的现象，因为野马野性未泯，一般不会主动与人亲近。"你和野马有缘啊！"饲养员感叹道。

"也许这是那个梦的又一个验证？"我心里想。从此以后，我在野马场里有了第一个野马小朋友——野马王子。每次去马舍，我俩都要玩上一会儿，我许下了一个心愿：一定要看着野马王子成为一个威武剽悍的头领，带领其他野马在卡拉麦里无边的旷野里奔跑呼啸。

作者和幼年的野马王子（左）

作者和长大的野马王子

我有时候想，也许我和野马就是有着神秘的缘分，可以读懂彼此，虽然不能对话，但心灵却能交流。不然野马王子第一次见到我，怎么就会扑上来与我玩耍呢？

这匹小驹现在就有着王子的风范，清秀俊逸，体型健美但不肥硕，一眼就可以看出它长大以后会是一匹优秀的好马。查过谱系后我发现，它和英武的大帅是亲兄弟，同样出身名门，有着优秀的基因。这使我更加坚信，野马王子将来一定会成为真正驰骋荒野、英勇善战的野马帝王。

野马王子小时候很调皮，没有一刻闲的时候。有时候我就想，马儿也跟人一样，到底是“巴郎子”（维吾尔语，意为“男孩”），就是要比“女孩”顽皮一些。它经常跟自己栏里的小驹子嬉戏打闹，东奔西跑，累了呼呼大睡，饿了钻到妈妈肚子底下吃奶，其他时间大部分都在玩。每次我去看它，它都会立刻跑过来，不是啃啃我的鞋、亲亲我的脸，就是舔舔我的衣襟。我经常逗它，扭它的耳朵，它会不高兴地晃脑袋；我用手佯装打它，它也扬起蹄子还击；我在前面跑，它就会在后面追。有时候，它会对我的观察记录本感兴趣，好奇地翻阅，很认真的样子，最终把纸读成一片一片的，碎片上沾满它的口水。每次去它那里一趟，我的手上、脸上保证沾上好多口水，身上的衣服也被它啃咬得不成样子。

它胆子很大，好奇心也非常强。小黑炭出生的时候，我们给母马接生。母马侧卧在雨后积水的渠边，我们在旁边观察记录并随时准备助产。王子这个小家伙不知道什么时候也凑起了热闹，睁着两只大大的眼睛，好奇地一动不动地看着躺在地上生产的母马。它耐心地看着小黑炭一点一点生出来，不知道害怕，也不会回避。我对

它说“小孩子走远点”，把它往圈子外边推，它却四条腿倔强地支着，不屈不挠地只顾伸着头看，那股认真好奇的劲头让人看了好笑，要是其他野马早就躲得远远的了。

母马生产得很顺利，不多时包在胎衣里的小驹就完全生出来了，浑身湿漉漉的。看到母马转过头来舔小驹，王子也凑上前去热情地帮母马舔小驹身上湿淋淋的羊水，那傻兮兮的样子可爱极了。后来，它和新出生的小黑炭成了好朋友，每天都跑去找它玩，带着它一块儿吃草、喝水，帮它挠痒痒，好得亲密无间。

有一次，蒙古野马考察团的专家们来野马中心考察。以往碰到这种情况，我一般都会把参观者带到公马群里去，也就是“野马光棍营”里。因为我对那些野马非常熟悉，知道哪匹马性格温顺，喜欢与人接近，我会挑选它们与外宾或者游客合影留念。这次考察团的人来了，我给它们介绍了王子，因为我想王子一向跟我亲近，应该也不会反感我带来的人，再加上它长得英武剽悍，俊逸非常，就让它的英俊模样也上上镜头吧。

外宾们兴致勃勃地走向马群，慢慢地接近王子，想站在它身边留影，谁知王子丝毫不顾及人家远道而来的情谊，龇牙咧嘴，两个耳朵恶狠狠地背到后面，想伸嘴去咬外宾。外宾们吓得赶紧跑开了，连换几个人都是这样，它一点儿也不给面子。而当我走向前时，王子却亲热地走上来，拿头蹭我，又是亲又是吻的，外宾们吃惊又好笑，都说:“这匹马只喜欢张小姐一个人，对我们没有兴趣。”

少不更事的王子很快长大了，两岁多的时候，我们将它调入公马群，但王子明显对过去的家恋恋不舍，怎么也不肯听从指挥进入马群。工作人员哄它、骗它、劝它、赶它，它不为所动，满围栏跑，就是不听从指挥。它特别聪明，看出了人们在骗它，所以大家耗尽了力气也没能把它调入公马群。大家纳闷，平时对人温顺的王子，这会儿怎么不听话了呢?

我说:“让我来。”我先让跑得浑身是汗的王子稍稍休息了一会儿，然后慢慢接近它，轻轻地抚摸着它的头和脖子，王子仿佛受了委屈，像往常那样对我表示亲热。看到它平静下来了，我开始向大门口走去，并轻轻唤着王子，让它跟着我走。王子习惯而愉快地紧紧跟着我，就这样在我的带领下轻而易举地分了群。

我暗暗想，有一天，当王子真正走进卡拉麦里的时候，我们会更加为它感到骄傲的。

大战狼狗

回到故乡的野马一直过着衣食不愁的优越生活，被人无微不至地照顾着，从来没有敌害的侵扰，这使它们不仅体态臃肿，而且温顺得像只绵羊似的，不禁让人怀疑它们是否还存在野性。即使像大帅那样狂野的马，也让大伙有一点儿担心——如果遇到野狼的袭击，它还能不能像它的祖先一样英勇无畏地保卫它的家族？为了检验野马是不是还有着相当的野性，大伙做了一个实验。

我们单位养了一只德国黑背狼狗，它长得威风凛凛，浑身的黑毛油光发亮，两只耳朵直愣愣地竖着，黄黄的眼睛滴溜溜、亮闪闪的，大腿和屁股肥而壮实，大家给它取名“黑子”。

黑子大多数时候被铁链拴在一个树桩上，显得非常寂寞。一看到有人凑近，它就激动得汪汪直叫，用渴求的眼睛望着你。要是人走到跟前，它就热情地往人身上扑，又啃又舔。这条狗有点儿灵性，见到豪华车就恭恭敬敬地趴在地上，摇头摆尾，见到破一点儿的车就汪汪大叫，要是看到摩托车，就拼命扯着链子要扑上去咬人家。大家都说这狗太势利了。

在野外，野马首先要警惕的就是头号天敌——狼的侵袭。因此，为了检验野马的野性，我们把黑子放进了半放养的大帅马群所在的7号场中。

那是一个冬天的上午，一场大雪过后阳光灿烂，蓝天白雪相互映衬。野马们不仅毛色变深而且被毛变厚，裹在身上像一件厚厚的毛皮大衣，足以抵御寒冷。大帅的群体在一望无际的白雪的映衬下鲜艳夺目，显得精神焕发。它们吃饱喝足后，在7号场内安静地休

狼狗黑子

憩：有的站在雪地里半睁半闭着眼睛，懒洋洋地晒太阳；有的在玩耍嬉戏，互相追逐打闹；有的躺在雪地里打滚，沾一身雪再站起来，雪在身上融化了，仿佛浑身热气腾腾；有的在交头接耳，说一阵悄悄话后，细心地用嘴互相梳理皮毛……多么和谐的大家族！

大伙把黑子送进了7号场内。

这是黑子第一次见到野马，也许在势利的黑子眼里，这种长得土里土气的野马算不上什么人物，不值得它去卑躬屈膝、俯首称臣，所以它张望了一会儿后，就冲着马群凶巴巴地叫起来。

头马大帅和其他野马也是生平第一次见到“狼”，它们最初也

对峙中的野马和黑子

只是好奇而吃惊地张望着。片刻后，也许是黑子非常像狼的体形激起了大帅的本能，它猛然间警惕起来，响亮地打起响鼻，告知所有野马:“有危险！”其他野马顿时都紧张起来，鼻孔里发出与大帅一样的预示危险的响鼻声。它们很快在大帅的指挥下排成扇形阵势:大帅为首，皇后绿花紧随其后，其他的马也按强壮在前、老幼在后的顺序排开，欲对黑子进行围攻。

摆完阵后，大帅无所畏惧地第一个带头冲出，两眼凶光，恶狠狠地一口咬向黑子，黑子被大帅的气势吓住了，见势不妙转身就逃。大帅紧紧追赶，其他的马在大帅的带领下也一路猛追过去，它们的速度比平时快了许多，像一支支利箭射过荒原，马蹄踏得积雪飞溅，气势惊人。

勇猛的大帅有几次都咬上了黑子的皮毛，疼得黑子嗷嗷直叫，但它顾不了伤痛，只管拼命逃窜，没有一点儿还击之力。这壮观而激烈的追杀场面，仿佛又让我们看到了百年前准噶尔荒原上的霸主——野生野马对付群狼的情景，它们震耳欲聋的蹄声和狼的惨叫声在寂静的荒原响亮地回荡着……

黑子在大围栏内逃了几百米后又折了回来，被咬得遍体鳞伤。逃回 7 号场时，它已经明显筋疲力尽了。紧追不放的大帅狠狠地一口咬住黑子的屁股不放，绿花也冲上来在黑子腹部咬了一口。眼看黑子就要当场毙命，我们赶紧冲上去把野马们赶开，将黑子救了下来。

大帅昂首发出了一声长嘶，威风凛凛地站在积雪的荒原上，气

势逼人。绿花十分激动地冲上去亲吻大帅，其他野马们也都欢呼起来，庆祝大帅的胜利。

大帅的英勇行为是圈养了上百年的野马野性依然未泯的一个力证，这匹神勇的野马带给了人们极大的信心。通过这次实战演练，大帅自己也许能更加自信地面对卡拉麦里荒原残酷的环境了。

野马母亲之死

大帅的大姐红花是野马引进以后在故土成功繁殖的第一匹野马，人们给它取名“红花”，寓意披红挂彩、喜庆成功，因为它标志着野马在故乡度过了适应关和繁殖关。

红花的父亲是有名的英国种马飞熊，母亲是来自德国的生产能手布鲁尼。小时候的红花活泼可爱，作为在故土诞生的第一匹野马，被称为“准噶尔 1 号”，受到大伙的广泛关注，它也一直不负众望地茁壮成长。

红花长大后，体格硕大健壮，是野马中心最肥胖的一匹野马。除了毛色较母亲布鲁尼深外，身上其他地方和母亲几乎没什么差别，最引人注目的就是它们母女的腹部都滚圆得像是怀着足月的胎儿。但在个性方面，红花却并不像母亲那样端庄贤淑，而是继承了父亲飞熊的狂放不羁，野性十足，以致它的两任丈夫都惧它三分。大家对红花寄予了厚望，都认为这匹健康多产的野马一定会踏上卡拉麦里自由的荒原。

2000 年 5 月 13 日夜，红花已表现出明显的临产征兆，它的第六个孩子就要出世了。

那晚，乌鲁木齐下起了大雨，我在家里感到莫名的无助和痛楚。我发了疯般地哭喊着，家人吃惊地问我怎么了，我不假思索地说道:“马死了，我要回单位！”我不愿意相信会有野马出事，虽然我的预感已经应验了很多次。

回到野马中心的时候，有人告诉我红花死了，死于难产引起的肠道破裂。当在录像中看到红花病亡的惨痛过程时，我还是不愿意相信这是真的。

野马一般很少出现难产的情况，在围栏里即使出现难产，一般也都发生在产头胎的母马身上。像红花这样已顺利生过五个孩子的野马母亲，怎么会出现难产呢？这让大家都觉得不可思议。

然而那悲惨的画面，让人不得不相信这难以接受的事实。凌晨一点多，无边的夜幕被手电筒的微光撕开一道缝，在场的工作人员看到红花的直肠已脱出十几厘米，血红的肠子上沾了一些泥土，红花正卧在地上痛苦地呻吟着。野马中心医疗设施过于简陋，没有麻醉枪、麻醉药和常用手术器械，连常用药都很短缺，唯一的办法就是强行抓马治疗。但因为是夜间，抓马非常困难，抓不好只会加重它的病情。只能向外求救，但最近的兽医站离野马中心也有四五十千米，大家只好在万般无奈中焦急地等待。

时间一分一秒地过去，红花的生命在一点一点逝去，最宝贵的治疗时机就这样无奈又痛苦地失去了。一直到天亮，红花的肠子已脱落出来并且破裂。当远在百十千米外的专家赶到时，红花的肠子

已脱出体外 1.5 米左右。此时野马如果受惊，极易将肠子缠在蹄子上蹬断，如果发生这样的情况，红花必死无疑。

专家带来了麻醉药，这给野马中心的员工带来了一丝希望。工作人员把针管塞到吹管枪里，悄悄靠近红花。可能是野马的皮太硬、太厚，吹管枪没有射进去，红花却受了惊，它拼命奔跑起来，拖在身后的血淋淋的肠子甩来甩去。跑出几米远后，肠子缠住了它的后腿，红花用力一蹬，肠子被踢断了。

大家一下子绝望了。经过专家检查，落在地上的大段结肠的肠系膜已完全坏死。人们心里都很清楚，这时候救活红花已不可能了，现在需要抓紧做的就是抢救胎儿。大家不得不狠下心用绳索套马，这会让红花在生命即将结束的时候再次承受巨大的折磨，与它相伴了多年的工作人员都感到不忍下手。

红花看到套马人手中的绳子时，立刻明白了人们的意图，它突然飞奔起来。工作人员在后面紧追，十来个人拥上去围堵。此时，红花似乎完全忘记了伤痛，如决堤的洪水一般四处冲撞，甚至目露凶光地向人群冲过来。它就像是一个英勇无畏的战士，在生命垂危之际还要使尽所有的力气与敌人拼杀。

约半个小时后，绳索终于套在了红花的脖子上，工作人员紧张而小心地放倒了它。红花躺在地上还是拼命挣扎着要站起来，蹄子乱踢，头也使劲摆动，眼角被地上的沙石磨烂了，流出鲜红的血，人们只好在它的头下垫了一块毡布。

专家对红花进行了仔细的检查，发现它腹中的胎儿已经死亡，红花的瞳孔此时也已放大。生于故乡的第一匹野马红花，它的生命将不久于人世了。

人们为红花松了绑。令人吃惊的是，红花居然颤颤巍巍地站了起来，像是将死神彻底打败又恢复了生命的活力。它缓慢地绕着围栏想与那些默默观望的野马诀别。

工作人员将围栏打开，让它与同伴们告别，了却它最后的心愿。红花一岁大的小马驹恋恋不舍地跟着它，将嘴伸到它的腹下，吃了最后一口妈妈的奶。红花双眼已视力模糊，根本看不清自己的同伴，但它还是晃晃悠悠地从每匹马身边走过，亲吻着它们的脸，眼角挂着豆大的泪珠，与它们一一告别。它的亲弟弟大帅，也带着自己的家族来到围栏前。英武的大帅完全被悲伤笼罩了，它悲哀地亲吻着姐姐的面颊，眼看着它走向生命的终点。

红花与身边的最后一匹野马告别后，已耗尽了全部的力气。它轰然倒地，慢慢闭上了眼睛，离开了这个让它恋恋不舍的世界。这时，天空突然下起了大雨，像是在表达着什么。干旱的准噶尔很少下雨，这一幕却感动了苍天。

5 月 14 日母亲节这天凌晨五点，红花永远闭上了眼睛。

红花生于龙年，又逝于龙年，度过了整整十二个年头。伤感之余，我为它写了一首小诗：

你来自蓝天，

常踏云飞驰，

即使在人间，

你也应永属草原。

被囚禁的天使啊——

对自由的渴望，

伴随了你生命的每一天。

红花的死让大家非常意外，也非常震惊。专家做完尸检后认为，红花难产的主要原因是长期圈养、活动场地狭小、饲草单一导致的过度肥胖。“最好的办法只有一个，将野马放归荒野。”这是专家最后给出的建议。

可怜的红花，它活着时没有享受过在卡拉麦里无垠的原野上自由奔驰，甚至连围栏也未曾跨出一步。它没能实现一匹野马的最高理想，就在壮年悲惨地死在围栏里，这对野马、对人类来说，都是一个悲剧。

红花的死成了野马野放的催化剂，引起了全社会的轰动，直接加快了野马野放的进程。

野马野放，迫在眉睫。

王位争夺战

野马王子自从调入光棍营后就越长越英俊，体格也越来越健壮。让我最为欣赏的是，王子跟它的哥哥大帅一样，有着天生的王者气度。虽然它见到我还是会高兴地围上来，但我可以明显地感觉到它身上起了一种变化。它似乎开始对围栏的生活不满了，而对王位充满了向往，对围栏外广阔的天地充满了渴望。

这一年，光棍营里增加了一些新成员，社会关系发生了变化。一般在这种情况下，野马之间会发生剧烈的争斗，大家会重新确立自己的社会地位，此次也不例外。

就在这场战争爆发前，一场鹅毛大雪连续飘舞了两天。

我像往常一样向马舍走去，脚踩在棉被般的积雪上，咯吱咯吱的响声非常悦耳。入冬一个月，这时才真正觉得有了冬天的感觉。太阳也像是惧怕冬天的严寒似的，很晚才从天边连成一片的灰蒙蒙的云中探出脑袋来。雪花密密麻麻地积压在树木的枝丫上，使树木看上去显得枝繁叶茂。放眼远眺，戈壁滩上的枯草将身子躲藏于雪中，只将带着厚厚的雪帽的头露出来，它们一簇簇地连成一片向远方延伸，好一派苍茫的大漠景观！不远处的天山山脉，像一条白色的巨龙在无边的雪地上翻滚。整个世界银装素裹，格外迷人。

路边那些春天新种的小树也别有一番风味：小白杨们直愣愣地立在那里，像是不知冷暖的毛头小子，完全拒绝穿上冬装；小榆树们如亭亭少女，纤纤细枝被打扮得靓丽多姿。回头望望雪中的生活区，原先破旧的房屋在树木的掩映下仍然依稀可见，但显得崭新又干净。

咯吱咯吱的脚步声和马蹄声是那样轻快，叽叽喳喳的麻雀叫声也比平时显得快乐了许多，连野马敲击栏杆的铛铛声也变得响亮而清脆。在万籁俱寂的沉寂冬天里，这些清晰的声音恰如一个个动听的音符，构成了野马中心独特的冬之乐章。

马儿们显得格外兴奋，在场地里跑来跑去，追逐打闹，身上腾腾的热气和呼出的白气在空中环绕。它们脱去了淡色的毛，换上了又深又亮的毛，在白色雪原的映衬下分外醒目，这也使野马显得更加精神抖擞、活力四射。当年产的那些小驹子更是顽皮，跑一会儿就伸出嘴，小心翼翼地舔一口雪。冰凉的美味刺激着它们的味蕾，它们在雪地里快乐地撒着欢。有些马还试探着在雪上打几个滚，然后忽地站起来，似乎在哈哈大笑。我想象着这些野马在没人的时候也会兴致勃勃地推着大雪球，或者隔着场地打雪仗——我被自己想象的画面逗笑了，我总是摆脱不了这样的习惯，喜欢将马儿们当成一个个有意识的人。

在雪地上撒欢的野马

走到光棍营的时候，我看到刚被淘汰下来的一匹种马秃和尚正在和光棍营里一直声望较高的野马霸王展开一场争夺王位的恶战。

两匹马在雪地里互相撕咬，拳打脚踢。它们大声嘶鸣，声音传到很远的地方，钢铁围栏被踢得哐哐作响。地面上积雪飞扬，两匹马在雪雾中突然直立起来，互相用前腿扒拉，有时候又飞起后腿，大力踢撞，这场面真是惊心动魄。野马之间的战斗有时候完全可以用惨烈来形容，非常有震撼力。这是野马野性表现最明显的时候。

王子在旁边看得热血沸腾，迫切地想加入战斗。它两只眼睛都急红了，蹄子不住地在地上乱扒，急不可耐地想冲上去，但又仿佛觉得时机不对，每次冲到战团边上，又不甘心地退出来，焦急地观望。它

争斗中的野马

在战火边上摩拳擦掌又隐忍不发的样子，实在有趣得很。领导对我说：“你看，那个王子太狡猾了，它现在特别想去打架，但它忍住了。”大家都忍俊不禁。

其他的马都远离战斗现场，它们要么是感到恐惧，要么抱着不惹是生非的念头，都乐得躲在一边看热闹。而这个王子却紧紧跟着战斗的两匹马，在旁边跃跃欲试，当战斗者打到自己跟前的时候，它趁机冲上去咬两口或者踢几下，占人家的便宜。后来两匹马打得两败俱伤，都打不动了，王子突然冲进战场，将两匹马干脆利落地全部收拾了。

相对于秃和尚和霸王这两个有勇无谋的家伙，王子算是智勇双全了。就这样，它没费一点儿力气就当上了光棍营的头领，得了渔翁之利。而那两匹马伤势严重，特别是秃和尚，我们不得不对它进行专门治疗。

没过多久，王子又与挑战它王位的其他野马进行了血腥搏斗。

那天，我看到光棍营水槽边的地面上都是血迹，那个象征王位的大门前更是一片狼藉，白雪上血迹斑斑。我的心一下子揪起来，我跑到马群里一看，王子受伤了。

它的右前蹄裂开了，鲜血还在往下流，鼻子上耷拉着一小块肉，满身都是伤痕，走起路来一瘸一拐，看起来它绝对不是只和一匹马发生了争斗。但让我感到吃惊的是，王子丝毫没有痛苦的表情，看起来非常镇定冷静，特别是那一双深沉坚毅的眼睛，平静得像一潭秋水。我知道，王子真正长大了，这一次次血肉搏杀让它成熟了。我忍不住摸着它的头夸它:“真不愧是我选中的野马王子，英勇善战，智勇双全。”它没像以前那样依恋地用头蹭我，而是深深地看着我，十足的王者派头。

经过这一番血战，当之无愧地登上光棍营的帝王宝座后，王子可以整天站在那道象征皇权的铁门前观看美女了。它恋爱了，而当时铁门那一边的围栏里，头马刚刚被淘汰，一大群年轻貌美的母马们群龙无首。它们看到英俊的王子，也都深深地爱上了它。于是，一大群母马争相到铁门边与王子谈情说爱。虽然隔着一道铁门，但它们的爱情却持久而感人，王子每天都守望在铁门前，跟心仪的母马交流感情。可以看出来，王子最喜欢的是母马秀珠，这是群体里最年轻漂亮的一匹母马，大多数时候它俩都在门前倾诉相思之情。

王子成为光棍营的头领后，我心里就有了一种预感:它很快就会拥有一大群妻室，并且在不久的将来带领它们走进卡拉麦里荒原。它在身体和精神上都已经完成了这种准备。

我和我的王子共同期待着这一天的到来。

重返自然的第一批野马

我一向以为，野马中心工作的全部意义就是为了让野马有一天能自在随心地生活在准噶尔卡拉麦里自然保护区内，重新展示它们的野性之美。

野马重归自然的意义不仅是一个物种保护的成果，它更大程度上代表了人类自然意识的回归，代表了人类重新在这个星球上确定了自己合适的位置。人类不是至高无上的，但也应在这个星球上履行自己的责任。野马有着6000万年的演化历史，在它那长长的基因链条上，烙印着6000万年来这个星球不间断的记录。它演化的足迹清晰、完整而漫长，每一匹野马都是一块活化石，一座基因库。这对寻找生物演化规律、探索生物基因奥秘来说，有着其他动物不可替代的价值。

从感情上来说，马是人类最高贵的征服，几千年来我们与它生死相伴，它是我们最古老的朋友，我们不能失去它。而现状是，不论是在异国流浪还是回到故乡养尊处优，野马的生存状况都没有出现根本性的改变，它们基本沦为了家养动物。缺少运动、近亲繁殖等使现今的野马在体格和性情等方面，与 100 年前的祖先相比大为退化。

母马红花因肥胖导致难产死亡，专家们当时就给出了明确的建议：如果再不进行野放，不让野马接受大自然的选择和锤炼，它们的生命力必将一代比一代弱，最终还是难逃灭绝的命运。

重归大自然，这是野马这个物种目前唯一的生存选择。野马命中注定要重新踏上征服荒野的险途。而这一里程碑式的壮举也命中注定般地降任于神勇英武的大帅。

大帅终于等到了这一天。

大帅的后代体格健壮，品质优良，它们在大帅的带领下经过适应性训练，环境适应能力、抗病能力、野性等都增强了，组成了一支优良的野马队伍。

围栏内，野马的种群正在迅速壮大，2001 年已达百匹以上，野马野放时机已经成熟。2001 年春节刚过，野马中心就开始积极筹备野马野放事宜。除去几匹老弱病残的野马，大帅和它的妻儿们共 27 匹健壮的野马当之无愧地被选为首批野放野马。

2001 年 8 月 28 日，这是一个值得纪念的日子，以大帅为首的 27 匹野马像箭一样射向了大自然的怀抱，这激动人心的时刻永远载入了史册。

这天清晨，天空飘着朵朵白云，天气清凉宜人，围栏周围已经聚集了几百个人，他们都在翘首期盼着野马放归时刻的到来。大帅和其他野马们似乎也在专心等待着这个历史性的时刻。它们显得有些躁动不安，在场地内来回跑动着。

11 点整，通向荒野的、紧锁了 100 多年的大门打开了，野马新的命运之门打开了！人们苦盼了一个多世纪的时刻终于到来了！这时，太阳也冲破云层，将无比灿烂的阳光洒向准噶尔荒原，这片荒原也突然变得像人们的心情一样热烈而兴奋。

大帅冷静地望着敞开的大门，似乎没有了刚才那种焦灼似火的情绪。它静静地看着门外无穷的旷野，竟然像铁打钢铸般一动不动。绿花和其他的野马排在大帅的身后，等待着它的决定。

这一刻，它在想什么？无数个日日夜夜的期盼就在门外，多少年压抑的梦想举步可得，它还在等待什么？当百年沉重的责任突然在门外召唤的时候，也许像大帅这样神勇的马也需要平息一下自己内心的激动。

人们屏息凝神，静静地看着大帅的身影，这是自信和勇气凝结的塑像，它将为自己濒临灭亡的族群踏出一条流血的生路。

大帅的眼神逐渐坚定，片刻后它慢慢地向大门迈步走去。它的妻儿们也骚动起来，紧紧跟着它的脚步。

人们的心都悬起来了，等待着大帅冲出围栏的那一刻。到了大门边上，大帅犹豫了一下，试探性地迈出了一小步。接着，它走出围栏，坚定地长嘶一声，带领马群冲了出去。皇后绿花紧挨着它，它们并肩向着远方狂奔而去，瞬间就消失在一望无际的原野之中。

冲出围栏的野马群

优秀的帝王大帅终于带着自己的臣民义无反顾地踏上了一条难以预料的凶险之旅。我默默地为它祈祷，为它加油，希望它成为一个勇敢的开拓者和成功的探索者，为野马的回家之路披荆斩棘，为自己衰微的族群开拓出新的生路。

当大帅带着它的子民箭一样地冲出围栏大门后，在它们面前的是一个一望无边的未知世界。它们能走多远？每个人欣喜过后，心头都压着沉甸甸的担忧。

对这些在围栏里圈养了百年的野马来说，茫茫卡拉麦里是难以预测的严酷之地。这片土地夏季燥热，冬季严寒，没有了人类的照顾以后，野马们能够战胜艰险成为这荒原的主人吗？在这里生活的鹅喉羚和野驴能在酷暑中奔走成百上千千米，去寻找荒原深处仅有的几处水源地，野马们能找得到吗？长期养尊处优的它们能在酷寒中，像野驴一样用坚硬的蹄子刨开厚厚的雪层，吃到雪下的草根吗？它们能在无边的雪原中，像百年前雄健的先祖一样，找到自己的越冬地吗？这里还有像幽灵一样出没在荒原深处的狼群，它们能敌得住狼群的袭击吗？

太多太多的未知，使这块野马曾经快乐生活过的壮美原野显得更加神秘莫测。

学会以雪代水的野马

大帅似乎并没有这么多心理负担，它小心地带着它的族群开拓着一个崭新的领地。起初，它们在距离野放点不远的地方活动，而且每天回来喝一两回水。每当到达一个新的地方，大帅就带着群体内的几匹公马在四周巡视，确认没有危险后，才开始采食饲草。没过多久，它们的活动范围就变远了，回来喝水的次数渐渐减少。后来下了一场雪，它们学会了以雪代水，就基本上不再回来喝水了。

人们为野马野放做了充分的准备。

野放点位于荒野中，周围荒无人烟，几个小伙子被抽调去守候。野放点的大围栏内堆放了足够野马吃一个冬天的饲草，一口机井随时可以抽水供野马饮用。这里成为野马最安全的越冬地，待在这里，它们随时有人照料，衣食无忧。

看到大帅谨慎而又坚定地向荒野进军，人们都非常高兴。这匹沉着的头马从来没有让人们失望过。但是，新的危机很快就发生了，这几乎使大帅族群面临灭顶之灾，也让我们措手不及。

一场雪后，阿尔泰山的牧民们赶着牛羊，转场至卡拉麦里南部温暖的地方越冬。成群结队的牛羊和马群从卡拉麦里腹地走过，它们像千军万马，很快将大帅的群体包围起来。

野马天生高贵，别的牲畜采食过的草它们绝不会再吃，所以它们失去了大量食物。牧民的家马群体中，一些公马成天居心不良地

围绕在大帅族群的周围，想勾引走几匹母野马。大帅愤怒地冲上去将它们撵开，有时还会发生打斗。虽然家马打不过野马，但它们始终不死心，这使大帅不堪其扰。

能采食到的鲜美多汁的草越来越少，野马们不得不吃一种叫“假木贼”的干涩难嚼没有营养的灌木。马群很快变瘦了，天越来越冷，野马的境况非常不妙。

这年冬天，新疆北部普降大雪，茫茫雪野没有先进的监测设备，根本就无法掌握野马出没的位置。配置用于野生动物监测的微型卫星监测仪大概需要100多万元，这套设备可以借助欧洲的卫星进行地面监测，误差只有几十千米。另一种无线监测仪是马首项圈，一套只需要二三十万元，可以辐射监测点周围40千米，精确度较高，可直接找到马群，但项圈需一年一换。

起初工作人员开着那辆老旧的破车，还可以在几千米外找到野马，但几场大雪后野马越走越远。终于有一天，工作人员在例行的检查中再也寻不到野马的踪迹。野马一下子在茫茫雪原中消失得无影无踪。

大帅到哪里去了呢?

也许为了摆脱家畜的烦扰，它带着族群寻找新的领地去了。它们没有佩戴无线电追踪仪等设备，一旦遇到险情，野放点的工作人员只能到几十千米外的镇子里去打电话。如果野马向南走入古尔班通古特沙漠，可能会完全失去音讯，它们的命运就难以想象了。

几天紧张的搜索后，人们仍然没有发现野马的踪迹。

当野马失踪的消息传回野马中心后，我的心立刻揪成一团。

为了寻找野马，林业局组织了数千农牧民，展开拉网式的搜索。他们像一把巨大的梳子，在卡拉麦里梳理着野马的下落。

又是几天过去了，仍然没有大帅的消息。我每天睡不着觉，心里隐隐作痛。一天晚上，我做了一个噩梦。

大帅和它的族群走在茫茫夜色中，地上都是圆圆的长满青草的小土丘，肥厚而无边，青草的绿色在夜幕下显得乌黑油绿。突然，这些小丘上的青草顷刻间都变成了覆盖着的白雪，野马们站在雪原上茫然四顾。天越来越黑，大地在狂风中旋转，小土丘之间闪烁着一些绿莹莹的亮光，越来越多，在深夜里显得阴森恐怖。一匹小马以为那是狼群的眼睛，惊恐地从群体里狂奔出去，立刻没入了黑暗。绿花忙去追赶，但它受伤的腿突然被那一片绿光绊住，身体像在沼泽里一样渐渐下沉。它努力想抬起两个前肢，可绿光聚集过来，终于把绿花吞噬了……

梦醒了，我的眼里满是泪水。我真害怕大帅它们遇到狼群。这样忐忑不安地等待了几天，终于传来了一个好消息，野马找到了！

大帅的群体瘦弱不堪，但它们仍然保持着天生的高贵和警惕，当有人靠近时，它们会远远地躲开。只有喂养过它们的饲养员出现时，它们才不再躲避。绿花不见了，还有两匹马也不见了。看到熟悉的饲养人员后，一匹小马一边不停地看着他们，一边转身向远处走。工作人员跟在小马后边，在300米远的一个沙包后面，发现了一匹将死的小马驹。小马驹睁着大大的眼睛，目光充满无限的留恋。当它终于闭上眼睛后，那匹引领工作人员的小马发出了悲凉的嘶鸣。

有几匹马的腿部受了伤，后来经过检查，确定那是被狼咬伤或抓伤的。由此可知，它们的确经历了一番痛苦的遭遇。发现它们的地方是野马天然的越冬地，这一地区纬度偏南，且为平原丘陵地形，积雪较薄，气温较高，牧草也比较茂盛。神奇的大帅凭着自己的天性找到了这个越冬地。此时的大帅已经非常虚弱，威严之中依然难掩落寞和伤感。

群体过大，失去美丽的皇后绿花，遭受了一场我们未知的激战和变故，这一切让大帅显得力不从心，郁郁寡欢。它常常远眺群山，似乎在寻找绿花的踪迹。它对着旷野大声嘶鸣，仿佛是壮志未已，又仿佛在倾吐着无尽的思念。此后，它一直未再选拔皇后。

专家论证后给出建议：这个冬天野马已经不能再在野外生活，它们必须回栏休养。

大帅终于病倒了，但它始终没有放弃它的职责，仍然拖着病体管理马群，这更加重了它的病情。第二年，大帅劳累过度，因病逝去。

英勇的大帅，终于实现了自己搏击旷野的梦想，而且最终也像一个战士一样死在了自己奋斗的战场上。它英武不屈的灵魂一定在无边的旷野上寻找着绿花美丽的身影，并且一起守望着野马最终回归自然的日子。

第一批野马野放的结果并没有我们期望的那么美好，但也没有

我们想象的那么糟糕。这已经给我们足够的信心，让我们积聚起了要奉献几代人的勇气去完成这史无前例的壮举。

我们更深刻地认识到，人为地使一个物种灭绝的后果绝不可能在短时期内纠正回来，人们必须比疯狂灭绝它时付出更多的努力来弥补。这就是破坏的代价。

野马王子力战群雄

带着无尽的留恋和未酬的壮志，英雄的先锋头领——野马大帅永远地闭上了双眼。在野马野放的这个冬季，先后有 7 匹野马在大雪中丧生。荒原的狂风在无休止地哀号，大片大片的雪花洒向了开拓者的尸骨。多灾多难的野马呀，在回家的路途上，究竟要经历多少坎坷和险阻，才能成为真正的自由之主?

大帅牺牲后不久，它的弟弟野马王子准噶尔 49 号和另一匹公马准噶尔 77 号去野外接班。在此之前，野马王子已战胜群雄，当上了野马光棍群的头领。来野放点后没几天，它就轻而易举地打败了对手准噶尔 77 号，当之无愧地坐上了野放群新头领的宝座。

当时，群里的大部分母马已怀了大帅的孩子。野马在圈养时就有杀婴现象发生，尽管我不愿相信，但温顺英俊的王子也难逃天性，做出了这种残忍的事。其实，杀婴行为在啮齿类、灵长类、鸟类和鱼类等很多动物中都存在。同样，当野马繁殖群的头马发现妻子生的不是自己亲生的孩子时，就会把新出生的幼驹咬死或踩死。在圈养情况下，我们可以通过人为控制避免杀婴情况出现。但到了野外，野马都是自由组建家庭，特别在放归初期，种群头领更迭频繁，很多无辜的野马小生命都惨死在了继父无情的钢牙利齿下。

之后，野马中心又放归了 5 匹 2 至 5 岁的后备公马，包括被王子打败的准噶尔 77 号及被王子赶出族群的 2 匹小公马。经过一年的适应，小公马们都长成了身强体壮的大公马。这群单身公马开始摩拳擦掌，准备向野马王子发起挑战。以前在围栏里，一代代的单身公马没有机会施展自己的功夫。现在机会终于来了，回到大自然自由的怀抱中，它们完全可以靠自己的能力找媳妇了，公平竞争，不受人为干预。对野马家族来说，这一天它们渴盼了一个世纪。野马王子独占这么多母马，公马们早已看在眼里、妒在心里。于是，公马们开始尾随王子的群体，时常在附近晃悠，准备瞅准时机，打败王子。

一天，公马群的头领——小个子准噶尔 72 号，首先向王子发起了挑衅。它大胆地走近一匹年轻漂亮的母马，准备展开求爱。野马王子见后赶紧冲过去，瞪着眼睛，两耳向后抿，伸长脖子，一口向准噶尔 72 号的脖子咬去。准噶尔 72 号机警地躲开了，面无惧色地走到王子跟前，与它并排，用肩顶了一下王子的肩。王子回顶了它一下，弓起脖子，前蹄刨了刨地，扬起尾巴，排出一堆热气腾腾的粪球，嘴里发出低沉的吼叫，像是在说：“小子，赶快给我滚开，这是我的地盘！”

战斗就这样拉开了序幕。两匹马你追我咬地斗了很多回合，也没分出胜负来。当它们都筋疲力尽时，准噶尔 77 号又趁火打劫，想趁此打败王子，以解一年来失败的屈辱和怒气。虽然很累，但王子对准噶尔 77 号似乎有些不屑一顾，无心与它战斗。准噶尔 77 号冲过来时，王子只是躲了一下，似乎根本不想跟它浪费时间和精力。但准噶尔 77 号的攻势越来越猛，王子终于还是发火了，也许它在想:“总让着你个手下败将，你小子居然蹬鼻子上脸，看我不给你点颜色瞧瞧！”它冲上去对着准噶尔 77 号狠狠撕咬起来，两匹马顿时扭打成一团。准噶尔 77 号尾根处被咬出了血，挣脱后跑开了，王子又紧追上去，威风凛凛，势不可挡。直到准噶尔 77 号跑回公马群，王子才折回去。

此后，战火频频。到了夏季，战火还不断升级，因为公马们不仅要争夺母马，还常在水源地争水喝。夏季的卡拉麦里极度炎热，特别到了七八月份，气温常在 45 度以上，火球一样的太阳炙烤着大地，让人感觉稀少的水源瞬间就会蒸发干净。

据野放站监测人员介绍，野马放归区内零星分布着几处地下泉水，多数泉水基本没有外流的出口，水分源源不断地被蒸发到大气中，盐分却不断地累积在水体中，泉水周围形成了厚厚的白色盐结晶。水中盐分含量远远超出野马所能耐受的极限，喝上这种水反而会让野马更加口渴。在野马监测站附近，只有一处水源的盐分含量较低，基本能满足野马的饮水要求。干旱月份，野马群体经常在此相遇，相遇后的头马经常因争夺水源发生冲突。野马群分群后，新

打斗中的野马

形成的两个群体必须共用同一个水源，导致两个群体相遇的机会增加，头马间也就经常发生激烈冲突。工作人员常看到饥渴的野马焦急地用前蹄从黑泥中刨水喝，还有野驴和鹅喉羚在干枯的水源附近用前蹄刨开沙土，排着队等待喝慢慢渗出的地下水。

一些饥渴难耐和无经验的幼体喝了高矿化水或变质水后，还没有来得及离开水源地就已经毙命。工作人员在一处水源地周围发现了几十具蒙古野驴、鹅喉羚及鸟类等动物的尸骨。这时，工作人员会用挖掘机对水源进行清淤和深挖处理，使清澈的地下水涌出来，解决野马的缺水问题，不然放归的野马很可能会因缺水而死亡。

为了打败王子，公马群团结一致，向王子发起了车轮战，它们的进攻一次比一次疯狂。面对这无休止的战斗，野马王子体力日渐不支，身形消瘦，身上满是伤疤，终因寡不敌众被打败，妻儿们被其他公马瓜分，分成了三个家庭，自己则成了孤独的流浪汉。它就

这样跟孤魂野鬼似的在荒原中游荡着。它多想立刻夺回属于自己的一切，恢复往日的威风啊。卡拉麦里的风怒吼着，怒吼着，王子也不时凄苦地对天长嘶几声，好让自己心里好受一些。

刚刚回归自然的野马王子，这一年多来，遭遇了多少艰险和血雨腥风呀。令人欣喜的是，2003 年春天，它的第一个孩子，也是野外第一匹真正的野马“野 1 号”诞生了！它像一个新生的小太阳，在卡拉麦里荒原冉冉升起，发出了稚嫩而响彻世界的嘶鸣。

这一幕，人们已有 100 多年未见了，而今，这昔日准噶尔荒原的佼佼者又骄傲地在故土重新站起来了。这是一个多么鼓舞人心的喜讯呀！野外繁殖取得成功，野马中心的工作人员激动得几夜都合不拢眼。

随后，王子的孩子接二连三地出生，包括 3 个儿子和 4 个女儿。在严酷的自然环境及纷飞战火中，当年有 3 个野外新生代成活了，这已非常值得庆幸了。回归了自然的野马，从小就必须学会坚强。只有不断地搏击自然，不断地迎接各种挑战，才不愧野马的称号。因此，野马的一生注定是拼搏的一生。大自然的法则不可抗拒，自由竞争，强者生存，大自然不会为弱者掉下同情的眼泪。

野马王子除了跟一心想取代它王位的众公马们战斗，还要适应夏季缺水、冬季缺食物等艰难，还得跟成天盯着它们的狼群周旋。为了保护群体，它会跟狼群展开激烈恶战。这一年，跟马斗，跟天斗，跟狼斗，能在野外生存下来着实不易。

被众马打败的野马王子默默地舔着伤。不，它没有输，它只是太累了，需要好好休息一下。等伤基本养好后，野马王子向夺它妻儿的 3 个头领发起了进攻。它首先没费多大劲打败了准噶尔 77 号和 82 号，夺回了这两个群的母马。这让它一下恢复了信心和尊严。随后，它又向实力最强的准噶尔 72 号发起了猛烈攻击。由于两者势均力敌，这场争夺战持续了三个月之久。在战斗的过程中，野马王子添了不少新伤，同时旧伤也复发，加之冬季来临，食物匮乏，它体力严重不支。最终，野马王子在最后一次搏击中轰然倒下，倒在卡拉麦里无垠的雪野之中，再也没有起来。

此时，整个雪原都在对这位准噶尔大地的英雄肃然起敬，卡拉麦里的风在哀号，为这位英勇无畏的战士的离去而悲恸。我想，这不屈的魂灵，这自由的魂灵，这诗意的魂灵，是不会死的，它永远活在人们心中。

防疫游击战

“一年一场风，从冬刮到春。”简直不可想象，野马中心为什么会有那么多大风。

春天的风没日没夜地聒噪，卷着沙尘，从戈壁深处吹来，沿着天山一路飞奔，在一望无际的戈壁上毫无阻碍地行进，把整个世界搞得天昏地暗。兴致来了，它就呼啸着拼命摇晃野马中心的树木，恨不得将它们连根拔起。一些纤弱的树常经不起狂风的折腾倒下去，野马中心的电线杆也被狂风刮倒过好几回，电线常被风扯断。风还呼呼地将枯萎的骆驼刺和蒿草抛上天空，捡破烂似的捡起无数的碎石子、破木棍、烂羽毛，兴高采烈地一路招摇。它们把野马中心那几排房屋原本雪白的墙皮刻画得沧桑无比。有一次，来了一场大黑风，也就是沙尘暴。野马中心马舍的砖石围墙给推倒了几十米，门窗被吹得哐当哐当响，东西两个马舍的玻璃全被打碎，多数只剩下了光溜溜的窗户框。

经过暴虐的准噶尔之风的洗礼，什么样娇嫩的脸上都会刻下两个字：沧桑。

雪渐渐化尽，地面上泥泞不堪，鞋子上沾了泥土有两千克重，野马的脚上也沾满了泥，跑起来泥巴点满空乱甩。难怪野马中心有“晴天一身土，雨天两脚泥”之说。

春天要防洪抗洪。天山上的雪水被太阳撵着，沿山坡冲下来，常把道路冲毁、围墙冲倒、菜窖淹垮、防洪坝泡塌。它们肆虐过后，留下一片狼藉，我们就要抓紧时间没日没夜地对受害设施进行抢修。但春天里，野马中心最主要的事情还是野马的繁殖和防疫。妊娠母马产驹前后，每天都有人细心照顾；种公马也获得了每天加两个鸡蛋的待遇，以提高体能。这些都好办，困难的是每年春季给野马打疫苗，这可是一个斗智斗勇的活儿。

为了预防野马传染病的发生，保证野马的健康，野马中心建立了预防为主、养防结合的疫病防治制度。除了加强饲养管理外，每年都要给野马预防接种（注射疫苗）、驱虫并定期进行检疫（体检）。

在给野马注射疫苗时，工作人员仿佛是一个个游击队员，与野马展开一场长期艰巨的防疫游击战。因为常年跟人类斗争，这些野马变得越来越机警，疫苗也越发地不好打，它们一看见长长的吹管枪，就会像祖辈们见到猎杀者的枪支一样，受了惊似的整群跑起来。特别是头马，表现得更是警惕，见到人拿吹管靠近，便打起响鼻，算是发出警报。其他野马听见它的号令，都向危险来源处投去警惕的目光，而后纷纷向头马靠拢，在头马的带领下，奔跑着躲

工作人员正在用吹管枪给野马注射疫苗

远。对于一些温顺的野马，工作人员会走到它们身边，用左手轻轻地抚摸它们的头或脖子，趁其不备，右手拿着注射器飞快地在马脖子上扎上针，把药液推进去后立即拔掉，这就轻松完成了任务。但大多数野马可不是这么好对付的，要靠吹管枪才能完成。

打疫苗之前，先把野马饿上一两顿，这样人们好以草为诱饵打疫苗。打疫苗时，先在门窗或墙跟前撒上些草，人躲在隐蔽处，如门窗后或墙后，等马来吃草时，迅速用吹管枪将针管吹出。只听呼的一声，尾部带着红缨的针管就会像飞镖一样扎在马屁股上。马儿被突然飞来的针头击中，会立刻炸群，挨了针的野马一边跑一边回头看自己屁股上晃动的针，总想回头去咬或者尥蹶子，直到将针甩脱才会慢慢安静下来。这时，工作人员会赶紧跑过去将针头捡起来，以备下一次再用。但这么一闹腾，一些聪明的野马就看穿了人们的“诡计”，不会轻易上当了，宁愿饿着也不去吃那些草。这时我们就得换个地点，等野马安静一阵放松警惕时再出击。总有一些禁不住诱惑的馋马前去吃草，当它们慢慢腾腾一次次鼓起勇气靠近饲草时，“游击队长”就从墙洞中小心地伸出吹管枪，用尽力气呼地吹一口气。

另一个办法是躲在给野马喂草的小四轮拖拉机上给野马打疫苗。因为长期用四轮机子给野马定时喂草，野马们养成了习惯，一看到草车来了，就排成一队跟着讨草吃。每次听到四轮机子的声音，它们都会不安地在场内来回走动。饲养员往四轮拖拉机上装上高高的一垛草，打针的人拿着吹管枪，特工队员似的躲在草后。当野马靠近时，把吹管枪慢慢伸出去，

工作人员会躲在墙洞后给野马注射疫苗

被注射器打中的野马

瞄准、射击，这样又可以“干掉”一些野马。

最后总有那么两三匹野马，在离草车较远的地方驻足观望、徘徊，或者试探着靠近衔上一口撒在地上的草后撒腿就跑，要不就是躲在其他野马后头，眼睛不时贼溜溜地朝车上的人看几眼。草车不停地靠近、远离，围着未打针的野马转来转去，那野马也跟着兜圈子。等到野马实在没有耐心稍稍放松警惕的时候，工作人员就会把握时机，瞄准了赶紧射击。

经过这样庞大的系统工程后，最后还是能余下一些拒不投降、顽固不化的“硬骨头”，它们谨慎又狡猾。这些“老奸巨猾”的野马都成了工作人员的重点攻关对象。一般情况下，工作人员会狠狠饿它们几顿，意志不坚定的往往会“变节投降”，到草车跟前来。

但也有些公马宁可饿死也不上当，工作人员无计可施，只好采用硬办法——进行围追堵截，将它们追堵到一个狭小的场地内，展开百步穿杨的神功，将吹管枪内的针吹出去。当然，工作人员一般是不会用这种粗鲁的办法的，特别是繁殖场内有母马和小驹时，用这种办法可能会导致野马惊慌奔跑碰伤小马驹。但光棍营里那些混混要是老这么不配合，大家也就顾不了这么多了。

为了保证野马的安全，对于繁殖群的野马，特别是带小马驹的野马，必须有足够的耐心，不能对它们来硬的，只能耐心地打持久战。工作人员会在饲养场地内用木架撑起凉棚，棚顶铺上干草，躲在上面静静等候“狡猾分子”的到来，今天打不掉等明天，明天打不掉等后天，直到对付完为止。

每次打疫苗都要持续好多天，人喊马嘶，场面混乱。当最后一匹野马的屁股上带着针乱蹦乱跳的时候，所有人才能松一口气。

用奶瓶养大的孤驹

太阳一连炙烤了很多天。这天傍晚，母马班娜突然摇摇晃晃地倒下了，因抢救无效，当晚就离开了这个世界，留下一匹出生仅 21 天的小马驹。

这匹小驹能成活吗？看着小驹在母马的尸体上找奶吃，大家都很心酸。今后能否养活小驹，谁的心里都没有底。

在野马专家的指导下，我们决定人工哺养小马驹。救护孤驹的任务落在了我和野马中心另一名技术人员身上。失去母亲保护的小驹很容易被别的马踢咬致死，所以我们将小驹隔离到了值班室里。

刚被隔离时，小驹显得十分不安，老爱往门上冲，后来我们只好把它放到小草库内。小草库与它原来待过的 3 号场只隔了一道铁栏门，于是小驹总向铁栏门前跑。它一定很怀念以前那无忧无虑的生活，那时它可以喝完妈妈的奶后躺在地上呼呼大睡，可以和其他小伙伴一起快乐地嬉戏玩耍。此时的它一定还无法适应没有了妈妈的日子。它不时发出尖细而稚嫩的嘶叫声，叫声里充满了慌乱和哀伤，就像一个小孩子在大声地哭喊:“妈妈，我要妈妈……”

我们用箱子和一块很大的毛毡将门遮严实，小马驹才渐渐平静下来。

当我初次将奶瓶送到小驹嘴边的时候，它好奇地张望着，然后用鼻子嗅了嗅，不知道吮吸。我将奶嘴塞进了它的嘴里，它感到味道不对，立刻把头甩开了。饥饿的小驹哼哼着到处找吃的，找不到吃的又大叫起来，像个饿得哭喊的婴儿。我们抓住小驹，耐心地把奶嘴硬往它的嘴里喂，经过这么几次适应后，它渐渐学会吮吸奶嘴了。

作者用奶瓶给雪莲花喂奶

后来，小孤驹的故事被小朋友们知道了，1.4万名新疆小朋友认养了它，每人捐了一块钱给它买奶喝，并且给它起了一个美丽的名字——雪莲花。大家希望它能像天山上的雪莲一样，有着顽强而美丽的生命。

从此以后，雪莲花逐渐对我们和奶瓶有了依恋，远远见到我拿着奶瓶，就会冲过来，嘴里发出轻微的哼哼声，仿佛在说：“我饿了。”同事们都开玩笑说，雪莲花把我当成它的妈妈了。吃完奶后，它喜欢跟着我走，我走到哪里，它就跟到哪里，我跑，它也跟着跑。它常用鼻子嗅我的衣襟，还会用嘴啃。我常用手抚摸它的脸和脖子，有时故意拍打它的屁股，它会立即扬起两只后蹄还击。

吃饱后，雪莲花会躺在地上将四肢伸展开睡觉，醒来后两只后肢挺直伸个懒腰，或低头用嘴啃啃自己的前腿，再扭头向腹侧啃啃，有时还会将一只后蹄伸向头部挠痒痒。要是它能正常地生活在马群里，此时就会有其他的伙伴为它舔皮毛、挠痒了。

看到雪莲花一天天地长大，看到它健康快乐、活蹦乱跳的样子，我心里甭提有多高兴了。有时候我来马舍，饲养员就会对着雪莲花叫：“小家伙，你妈妈来啦！”看着雪莲花快乐地向自己奔跑过来，真是别有一番喜悦涌上我心头。

可是到了七月中旬，一场暴风雨后，雪莲花感冒了，发起了高烧，无论我们怎么逗弄，它都耷拉着脑袋，不吃不喝。

看着它无精打采的样子，我的心揪成了一团。这个可怜的孩子，命运为什么老是跟它过不去呢？我们赶紧用最好的方案给它治疗。因为牵挂它的病情，我一天要去好几趟马舍。

让我们感到欣慰的是，它很快恢复了健康，恢复了以前活泼可爱的样子，我们都松了一口气。

我们每天都给雪莲花喂适量的饲草，后来给它添加了精料。在精心的喂养和护理下，它长得十分健壮，身体发育正常，体格与同

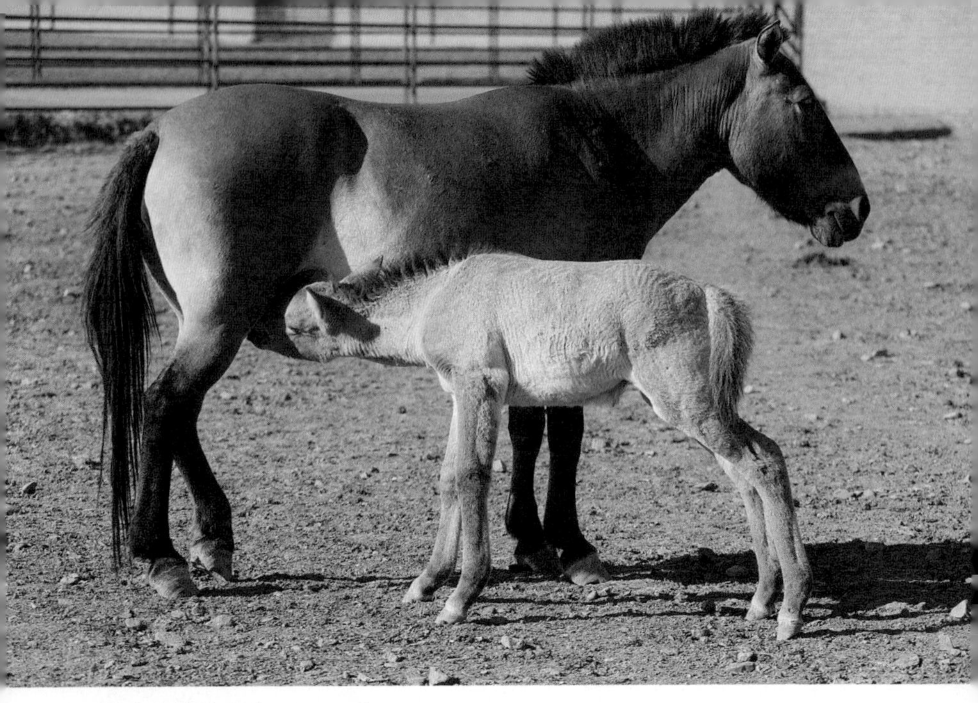

母乳喂养的马驹

龄的母乳喂养的马驹相差无几。

雪莲花长到半岁时，我们给它断了奶，并将它放回了原群体内。谁知它竟远离群体，独自在栏杆边徘徊，一副郁郁寡欢的样子，我们只好又将它隔离到小草库里。后来，有个因争雄打斗断了腕的兄弟也被隔离了进去，雪莲花算是有个可以聊天的伙伴了。

雪莲花到了婚嫁的年龄时，我们给它组建了家庭。雪莲花见到大帅的儿子——英俊的小帅虎时，主动上去追逐示爱。小帅虎倒有些难为情，不知道该如何应对这个大胆而泼辣的姑娘，只好奔来跑去地躲着。渐渐地，小帅虎这个腼腆的小伙子也变得主动大胆起来，学会了与雪莲花谈恋爱。

后来，雪莲花正式成了大帅的儿媳妇，成为了这个英雄家族的一员。当年雪莲花就有了身孕，不过它还像以前一样喜欢和人亲近。雪莲花怀孕后，我们都非常高兴，更加细心地照顾它。

第二年5月，雪莲花到了临产期，我每天都去马舍看望它，希望能亲眼看着它当母亲。母亲节那天，雪莲花挺着硕大的肚子，沿着围栏缓慢又幸福地散着步。我静静地望着它棕色的皮毛和脖子上直立的黑褐色的鬣毛，觉得雪莲花越发像它死去的母亲班娜了，我不禁怀念起班娜来。我希望雪莲花也能像它母亲一样，成为一个生产能手，一位优秀的母亲。

5月29日傍晚，我的心里涌起一阵莫名的悸动，突然非常想去马舍看看。到了马舍，我发现雪莲花要生产了。这么多天来，我一直等待的时刻就要到来了，这匹由我亲手养大的野马如今又可以由我亲手为它接生了。

太阳落山时，一位饲养员说雪莲花滴奶了，我赶紧走到它身边俯身观察。它的乳房已出现明显膨胀，两个乳头上都挂着一滴白色鲜亮的乳汁。本来正在低头吃草的雪莲花，此时突然离开群体向南面墙根处走去。它低头闻着地面，显得有些烦躁不安，一会儿又去马群中采食几口饲草，就这样反复地在场地内走来走去。

晚上九点五十分，它在墙边静立不动，尾巴扬起来，排出了大量的羊水。我知道，这意味着小宝宝马上就要出世了！

雪莲花再次憋足了劲，两只被胎衣包裹的黑色小蹄探了出来。雪莲花舒了口气之后又开始用力，但任它再怎样用劲也没有一点儿进展。这时，显得很痛苦和疲惫的雪莲花向右卧了下去。

看来雪莲花有些难产，一般头胎产驹会出现这样的情况，我立即到跟前助产。我双手抓住那两只探出的小蹄，趁雪莲花用力时也用力向外拉。随后，在另外两名饲养员的帮助下，小驹的两只前肢和脑袋也被拉了出来，然后是身子、后肢，最后小驹全部露了出来。

好大的一匹马驹，难怪生得这么困难！

刚刚还在痛苦呻吟的雪莲花一下轻松了。它俯卧着回过头望着刚出生的小驹，亲昵地用嘴舔着小驹的嘴，并发出低沉而欢快的哼哼声。可能是太累了，它还不能够站起来为小驹舔去包在身上的胎衣。小驹在胎衣里喘息着，我们只好帮它将胎衣剥下来。雪莲花生了个漂亮的闺女，真让人高兴。

缓过劲后，雪莲花猛地站了起来，与小驹连在一起的脐带自然断开了。雪莲花从头到脚细致地舔着卧在地上的湿漉漉的小驹。

经过检查，我们确定雪莲花生的小驹很健康。半个小时后，它就站起来了，不久又吃上了初乳，可以跟着妈妈在场地上跑动了。

一般来说，围栏里的母马头胎产驹因为缺乏经验，护驹能力相对较差，但雪莲花护起驹来简直比老母马还强许多。它除了能熟练地喂小驹、带小驹外，只要见到野马在附近就冲上去攻击，而其他母马一般是在有野马靠近小驹时才会攻击。雪莲花就连我靠近时也会冲过来，这让我的心里很不是滋味。不过后来，我就暗暗为它高兴了，因为它像一匹真正的野马，是一位天生的母亲。在它的悉心呵护下，宝宝成长得非常健康，比一般的小驹体格都要大一些，这足以证明它的称职。

看着雪莲花现在幸福的样子，我的耳边仿佛还回响着当初那匹可怜的孤驹稚嫩的叫声。让人高兴的是，雪莲花如今不仅有了亲密的爱人、众多的伙伴，还有了一个如此可爱健壮的孩子，并且受到了更多人的关爱，它已不再孤单。雪莲花就像它的名字一样，生命绽放得顽强而美丽。

我祝福雪莲花的后代，不必再付出先辈那么大的代价，就有机会踏上它们的爷爷——大帅、王子在卡拉麦里所开辟的野马帝国的土地，过上自由快乐的生活。

戈壁江南

野马野放后的第三年，一座新的综合楼拔地而起。野马中心的人们从几十千米外拉来沙土代替了碱土，大家没日没夜地挖树坑、挖渠、施肥、浇灌，在楼周围种了上千亩树。为了防止老鼠的啃

野马中心的综合楼

野马中心改善后的自然环境

咬，人们在树基部包上了油毛毡，像是给树穿上了黑色的长筒靴。

我们还修建了展览厅和职工食堂，楼房周围铺上了红绿相间的地砖，路面是水泥地面。室内装修一新，洗衣间、卫生间、澡堂等都有，每个房间里还有电视。三楼会议室（兼舞厅）内还配有音箱、家庭影院等娱乐设备，就像是城市里的星级宾馆一样。与以前简陋的平房相比，职工们就像住进了天堂。我经常陶醉于如今舒适的生活和优美的环境，心情十分愉悦。

春季和夏季，人们可以看到小杨树的叶子油亮耀眼，呼啦啦地与风在嬉戏。榆树们光洁而纤细的身躯支撑起繁茂而硕大的“爆炸头”，楼房前边高大的风景树也旺盛地存活了下来。我站在楼顶远眺，绿树整齐得如士兵队列一般连成一条条绿色纽带，清新悦目。喷灌管道在楼前楼后的花池、草坪间纵横交错。在晨曦中，绿荫披上一层迷人的金色，喷灌的水龙头旋转着竞相喷出一道道优美闪亮的弧线，呈伞状地向四周辐射开来，给花草进行着淋浴，亮晶晶的水滴从草叶和花瓣上滚落，空气中弥漫着潮湿的芳香。小鸟们比太阳起得要早，在林间展示着它们清脆悦耳的歌喉。每当此时，我就会忘记自己身处狂风肆虐的戈壁荒滩。自从绿荫挡住了狂风的来路，狂风来时就更加暴怒，吼得更刺耳了，但显然它已失去了以往的威力。绿树们高兴地跳起胜利的舞蹈，绿草也像马鬃似的在风中飘舞。

我常在新修的水泥路上散步。路南边，芦苇、灰灰条长得几乎和小榆树们一般高。树木、野草密不透风地连成一片，放眼望去，不能不给人错觉，仿佛那一大片蓊蓊郁郁的绿荫尽头就是雄伟的天山。不远处的平房完全掩映在了绿荫之中，小树们环绕在那棵孤独的梧桐树膝下，梧桐树也就不再寂寞了。路两边还长了两排鲜艳夺

野马中心的机房、职工活动室

野马中心的食堂

野马中心的花草树木

目的玫瑰花，像是在列队欢迎远方的朋友。走在路上，浓郁的花香阵阵扑鼻，令人心旷神怡，遐想联翩。

也许是因为在旧区生活了八年，我一直惦记着那里的花草树木。在沙枣花飘香的季节，饭后闲暇时，我总会不由自主地想去那边走走。

没有人住，旧区显得更加破旧了。斑驳衰败的房屋掩映在树丛间，树倒是一年较一年高大茂盛了。榆树的叶子还有些稀疏，没有发育完全，上面长着许多已有些发黄的老榆钱。杨树油光发亮的叶子在温暖的春风里哗啦啦地舞蹈着。枯草丛间发出了许多新绿，散发着盎然的生机。我坐在一把椅子上，静静地沐浴着暖融融的阳光，宠辱皆忘，心怀恬淡。

这里杂草丛生，是虫儿和鸟儿的乐园。

有几只蚂蚁不经意间跃入我的眼帘，它们在地上匆匆地觅着食。苍蝇也活跃了起来，在我的周围嗡嗡飞舞。离我约六米远处，一只蜥蜴旁若无人地挺起前胸向前爬着，一瞅到我就忽地钻入了草丛间。两只大黑蜜蜂在房檐下追逐嬉戏，久久徘徊不去。

最有趣的要算听小鸟们争相献艺了。这里最多的是麻雀，一年四季都可见成群的麻雀飞来飞去，它们可以称得上是这里的主人。春天来了，许多不知名的鸟儿从远方飞来，在树丛间，可经常听到它们“啾啾”“唧唧”忘情地唱着，不时还传来布谷鸟的“咕咕”声。我被这春天的歌声陶醉着。在这时候，是不会有人打扰我的，多么自由自在啊！每当此时，我总觉得自己的心灵一下子也变得和鸟儿们一样单纯了。

人见人爱的雪儿

大帅的孙女雪儿跟妈妈雪莲花小时候简直就像是一个模子里刻出来的。

小马驹雪儿和妈妈在一起

雪儿还未满月的时候，雪莲花始终寸步不离地跟着自己的孩子，对它管得非常严。别的小马驹出生三五天就扎成一堆嬉戏玩耍，而雪莲花却不让自己的孩子与它们凑堆儿。雪儿也非常听话，寸步不离地跟在妈妈的身边，是个特别乖的宝宝。其他的小马驹看到人来了，会表现出强烈的好奇心，往人跟前凑，但雪儿却对人不闻不问，整天围着妈妈转，仿佛自己的世界里只有妈妈存在。

到一月龄的时候，雪儿才开始跟其他的小伙伴玩耍。三五成群的小马驹是野马场里最无拘无束、天真快活的群体。它们看起来头比身子大，稚嫩的嘴唇上还长着几根细长的胡子，四条小细腿一刻也闲不下来，在围栏里你追我赶，争强好胜的天性让它们谁也不让谁。有的时候它们也会你帮我啃啃背，我帮你挠挠颈，脖子缠在一起，非常亲昵地亲吻对方，互相说着悄悄话，亲密无间。转眼间起了摩擦，一个个就气势汹汹地盯着对方，咬脖子咬腿，抬起屁股扬

小伙伴一起开心玩耍

玩累了一起吃草补充能量

起蹄子互相攻击，打得不亦乐乎。等玩累了就哼哼着找自己的妈妈，一头拱到妈妈的肚子底下，叼着奶头儿，半眯着眼睛，快活地摆动着尾巴，“滋儿滋儿”地吃起来，又得意又满足。

玩累了，吃饱了，小马驹的四肢开始沉重，细脖子也渐渐支不住大脑袋了。它们慢慢腾腾地溜达两圈，终于支撑不住，腿一软跪到地上，然后勉强支撑着眼皮忽闪两下大眼睛，最后终于躺卧下去，将四个蹄子伸得直直的，呼呼大睡起来。它们睡觉的样子非常放松，看起来一副懒相。因为有妈妈寸步不离的保护，它们可以睡得很安心。也不知睡了多久，马驹们醒来了，拼命伸展着前后肢，再伸一个长长的懒腰，摇摇头呼出一口气，又开始转着脑袋寻找快乐的小伙伴。

所有的小马驹都一样，有着非常强烈的好奇心。它们对照相机的镜头尤其感兴趣，不仅是兴趣，简直可以说是迷恋。

吃饱了在妈妈身边美美地睡一觉

睡醒了再来伸个懒腰

节奏一致的马驹们

不论它们在干什么，也不论妈妈怎么警告，更不管拿相机的人会不会让它们受到惊吓，只要看到相机长长的镜头，它们就会立刻放下一切，一门心思地向镜头探进。它们小心翼翼地看着这个长鼻子怪物，大胆又细心地往左走两步停一停，再往右走两步停一停，有时低下头沉思一会儿，以便确定一条更好的路径。终于，它们成功地接近镜头，侧着脑袋用一只大眼睛观察着，试图透过镜头看到相机的五脏六腑。最后，它们会不断地啃咬镜头，留下许多口水。

雪儿除了喜欢照相机，还具有很强的模仿力。

有一天，一个高一点儿的小马驹站在铁栏前，头高高地仰起，身子跟着扭动，胸部在栏杆上蹭啊蹭，像是新疆舞中著名的扭脖子动作，颇为滑稽。雪儿站在它身边，好奇地看着，不明所以。它不时用嘴碰碰蹭痒的马驹的脖子，叫它与自己一起玩。谁知那匹马驹蹭痒蹭得起劲，根本顾不上理会雪儿。雪儿观望了一会儿，突然也学着小伙伴的样子，伸长脖子仰起头，在铁栏杆上蹭了起来。第三只小马驹看到了，就跑到它们身边兴致勃勃地欣赏起来。两只小驹聚精会神地蹭痒，根本无暇理会这个小弟弟。这一切，让野马中心的工作人员看得乐不可支。

快两个月的时候，雪儿终于对人产生了兴趣，喜欢往人前凑。工作人员也非常喜欢它，经常逗它玩。结果这一逗，雪儿和人就越发亲近了起来，一见到人就紧跟着，撵都撵不走。它妈妈跟在后面用嘴轰它，它也不理不听，仿佛对人比对妈妈还亲。

因为在围栏里长大，雪儿对人全无戒心。睡觉的时候倒头就睡，人走到它跟前，它睁着眼睛漫不经心地瞄一眼，又接着做自己的美梦。别的小马睡觉的时候，人还未走到跟前，就警觉地抬起身子，架起前腿，支起两耳，人稍稍靠近一点，马上就站起来跑得远远的。而雪儿这个小家伙就算你走到跟前叫它，它也装听不见，推它让它站起来，它也懒洋洋的，一动不动。大伙急了用手拉它的蹄子，它不耐烦地把腿一摆，接着睡觉；揪它的耳朵使劲拉它，它还是闭着眼使劲摆头，就是不起来，仍然是一副不理不睬的懒模样。大伙说还从未见过这么厚脸皮的小马驹。要是雪儿的爷爷们，比如大帅和王子，看到自己的小孙女是这个样子，不知道会是忧虑还是无奈。

因为雪儿的缘故，工作人员现在也不敢轻易跟小马驹接触了。它们在围栏里太久了，如果都像雪儿一样，对人消除了戒心产生好感，野性渐渐泯灭，那么野马回归旷野的难度在无形中就又增加了。

“无敌战神”黑风

2005 年 11 月，演员成龙来新疆认养了一匹野马，并为其取名“黑风”——与他在电影《神话》中的坐骑同名。

黑风的父亲是当年引进的 18 匹野马中现唯一幸存的公马——

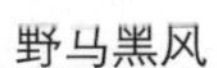
野马黑风

黑风的家族成员

美国野马万顿，母亲是最优秀的繁殖母马——德国野马布鲁尼。黑风并不像它的名字一样有着黑色的皮毛。实际上，它的毛色较白，像母亲；身体魁梧健壮，像父亲。它头部宽大，眼睛黑亮有神，透露出坚毅的光芒，鬣毛像是理了板寸似的齐刷刷地直立于颈部。低头采食时，它的鬣毛与地面形成一个弧度，在霞光中熠熠生辉，如同一道迷人的彩虹，跑起来就像一面战旗在招摇。雄姿勃勃的黑风神情狂野，浑身上下散发着征服一切的自信和勇气。

优良的基因和强壮的体魄让黑风在 4 岁那年就从“光棍营”的公马群中脱颖而出，被选为种用，和 7 匹与它年龄相当的年轻母马成了家。很快，它就成了一位优秀的头领，家族迅速壮大。它在配

野马艾蒙向黑风发起挑衅

种、管理群体、战斗等方面一直都表现很出色，备受妻儿们的爱戴和尊重。当上头领后，黑风时刻面临着来自相邻场地其他公马的挑战，双方常隔着栏杆或大铁门争斗。黑风英勇无比，百战百胜，成了一位赫赫有名的战神，特别在德国引进的公马面前，充分展示了自己的勇士风采。

为了改善野马中心近亲繁殖的状况，2005 年 9 月，德国科隆动物园为野马中心无偿捐赠了 6 匹种马，其中 1 匹当月病死，其余 5 匹通过检疫隔离期后被放到与黑风所在 6 号场地相邻的 5 号场内。经过一番血腥较量后，艾蒙成了德国马群的头领。艾蒙模样很特别。它的毛色比其他马要淡得多，呈浑然一体的淡土黄色，只有尾下半部、四肢下部及鬣毛上一圈黑边颜色较深些，四肢上数道黑色横纹比较醒目。艾蒙个子也比一般的成年马小，四肢和脖子都很短粗，看起来短小精干。艾蒙看上去很凶，野性十足。它总是耳朵

战斗中的两匹野马

向后抿，目露凶光，眼球突出，不时翻着白眼，伸颈龇牙地向其他马或靠近它的人示威，甚至冲上去攻击。

内部战火刚刚平息，伤痕累累的艾蒙立刻把矛头指向了黑风。一天，艾蒙在有胳膊般粗的钢管组成的约 2.5 米高的围栏前驻足张望片刻后，用前蹄敲击起钢管来，像是擂打战鼓似的向黑风发起挑战。对于德国小个子艾蒙的有意挑衅，正在采食的黑风起初并不理睬，或许是根本不屑一顾，但艾蒙频频用前蹄敲击铁栏杆，似乎在说:“别以为你个头大，打架你能打得过我吗？怎么，怕了？不敢过来是吧？”黑风不得不过去好好教训一下它。

只见黑风头颈前伸，像箭一样冲过去。由于跑得过猛，到栏杆前有点刹不住，它的头差点儿撞上钢管。它怒目圆睁，耳朵倒伏，喷着鼻息，喉咙里发出粗重的吼声，表示对艾蒙的示威和恐吓。艾蒙也毫不示弱地发出吼叫声。两匹马怒目相视后，身体相抵，肩部互相顶撞到钢管上，发出沉闷的撞击声。战斗欲望较强的艾蒙猛然将头伸过栏杆向黑风的脖子咬去，黑风轻轻一闪躲开了。艾蒙将脖子用力前伸，眼珠鼓得快要迸出，前胸挤压住栏杆，想继续再咬但咬不上。黑风沿着栏杆向前跑动起来，艾蒙缩回头向前追去，不时把头伸过去咬黑风，黑风总是很快闪开，仿佛是在有意戏弄艾蒙，并没有真心要与它战斗。趁艾蒙又恼又累呼呼喘气之机，黑风上去在它颈上使劲咬住不放。艾蒙疼得将脖子用力外拧企图挣脱，鬣毛被咬掉一块，流出了鲜血。它气得忽地立起，悬起两只前蹄，想要冲过栏杆狠狠还击对手。两匹马就像是在打拳击似的，击得钢管哐哐直响。数秒钟后，它们落下了悬空的前蹄，继续奔跑，相互追逐扑咬对方。

黑风对围栏战很有经验，冲、咬、躲等动作快速而敏捷，而且下口总是又准又狠。每当取得阶段性胜利，黑风就会骄傲地昂起头，翘起尾巴，在栏杆边神气地排出一串串粪球，或者再撒泡尿——这是在警告艾蒙不准侵犯自己的地盘。

而由于自小生活环境的差异，艾蒙对围栏比较陌生，不习惯于隔栏相战。它颈上短而稀疏的鬣毛因多处被咬而显得参差不齐，脖子、腹部、腿部也有很多伤疤，但它却始终保持一副威风凛凛、桀骜不驯的样子，像是战斗英雄佩戴了多枚勋章似的。

头领的屡战屡败也许让手下们很没面子，后来其他几匹德国马，如个头较大的兰多和乔治，也争先恐后地投入到与黑风的战斗中。黑风总是勇敢应战，每次都是以寡敌众，大大煞了好斗的德国野马的威风。

黑风就这样成了“无敌战神”。

在新天地里守护野马

2006 年，是我与媒体结缘的一年。这一年，我大多数时候是在乌鲁木齐办事处度过的，回野马中心的机会比较少。

临近岁末，日子一如既往的紧张忙碌。一天早晨，我边整理着工作材料，边看着窗外的飞雪，心里不由自主地又想起那些荒原里的野马。正在感慨时，我接到了主任的电话：新华社等全国媒体，将以劳动者之歌的形式，对我的事迹进行报道。一时间，我百感交集。在荒原上与野马共同度过的十年青春韶华，闪电般从眼前掠过。是的，我现在不惧怕媒体了，反而想以此为契机，让更多人了解野马，了解野生动物保护事业。但是谁也不知道，我是怎样像一匹冲出围栏走向旷野的野马一样，有过惧怕和逃避，感到从未有过的新奇，也体会了从未有过的压力。

自从我的书《野马：重返卡拉麦里——戈壁女孩手记》出版后，我受到了诸多媒体的关注。他们对我这样一个女子在荒原里与野马相伴十年的故事非常感兴趣。我的本意只是将自己与野马命运相连的经历及十年里的苦辣酸甜做一个总结。十年来，我几乎没有可以倾诉心声的人。没想到，此书被凤凰卫视发现后，《鲁豫有约》栏

作者和野马在一起

目组特邀我到北京去做节目，让我给观众讲讲故事。他们告诉我，我将坐飞机去北京，食宿不用花一分钱。

接到邀请函后，我几乎落下泪来。这十年来，我走得最远的城市就是乌鲁木齐。我从来没有坐过火车，更没有坐过飞机，而这次，居然要坐着飞机飞行数千千米到北京去，和鲁豫这样一个从来只在电视上仰望的人坐在一起，聊十年来我和野马的故事……更让我害怕的是，我从来没有经历过那样的场合，该如何与那些素昧平生的陌生人沟通呢？我的生命中，最可依靠的、最可倾诉的，是那些不会说话却充满灵气的野马，见到它们，我的心灵会变得很平静。

从知道这件事起，我就开始惴惴不安，完全不知道该准备些什么，一想起来就紧张得手心出汗。我开始后悔答应这件事，向领导提出各种理由推辞不去。随着动身日子的临近，我越来越心烦意乱。最后去北京时，我的大脑一片混乱。

录制节目的时候，我太紧张了。而且，这十年沧桑和寂寞的日子，虽然有野马的支撑，仍在远处以巨大的无可抗拒的姿态向我压来，让我无处躲藏。那些孤独、寂寞、温情、烦乱、坚守和挣扎，那些逝去的青春，一旦打开回忆，便像潮水一般冲击着我，每每想起就泪水不断。

我抿紧嘴，咬紧牙，抵挡着它们的冲击，我甚至哭着哀求栏目组不要录了。在那时，我只想搂着我的野马默默流泪；只想和同事们在一起，默默地看着彼此忙碌的身影；只想在那片熟悉的荒原上，看风起云飞……

栏目组的人用巨大的耐心做我的工作，等待着我恢复平静。

远在新疆的同事和亲人们也打来电话，鼓励我说：“野马走出围栏时，可能就像你现在一样。你得走出去呀，不仅仅是为你自己。”

节目终于录完了，我对自己的表现很不满意，但不断有陌生的短信来告诉我：我很敬佩你的勇敢，如果不是有大爱，如何能坚守十年？这份事业，需要我们共同付出。

回到新疆，回到野马中心后，我突然明白：其实，这一切都来自野马。我们所从事的是一份意义重大的工作。当野马困守围栏时，我与它们朝夕相伴；当野马走向自然时，我也开辟了自己的新天地。我和野马虽然现在不能常在一起，但精神上仍息息相连。我们需要将野马百年荣辱和一朝新生告诉世人，让大家真正接受生命的平等和尊严。

从此，我有了改变。我不再怕媒体，不再怕采访，不再逃避和躲藏。我从心灵的围栏里向外探索，一边想念着以前朝夕相伴的野马伙伴，一边和它们一起开拓着生命的新领域。

国道上的惨剧

一个又一个噩耗传来，令日夜守护野马的人们难以置信，悲痛欲绝！不到一个月的时间，先后有 4 匹野马命殒车轮，这是继首次野马放归遭遇雪灾后的又一次惨痛损失。苍天落泪，草木含悲，卡拉麦里在哭泣。

第一匹被撞的是母马准噶尔 51 号，我给它取名丑小鸭。

它是野马回归故乡后出生的第一匹子一代野马。我刚来野马中心时，它只有三个月大。它生下来就比较瘦小，模样显得有些丑，而且被毛不是那么光滑油亮，看上去总是很粗糙，就像是衣冠不整、穿着破旧衣服的灰姑娘一样。在马群里，它总是有些受歧视，不论到哪个群里都不大受欢迎，是群里最没地位的一匹野马，常常受到大家的欺负，被这个咬一口、那个踢一脚也不足为奇。因此，它总是显得有些郁郁寡欢。它的个头较小，看上去总像个发育不全的未成年少女。它 5 岁时，我们把它嫁给了成龙认养的野马黑风。

黑风嫌它长得丑，最初坚决不接受它，老是把它打出群；而对其他5个漂亮媳妇，特别是皇后野马公主，黑风则刮目相看，宠爱有加。还好，这个可怜的丑姑娘总算怀上了孩子，到了第二年生下了一匹又瘦又小的小公驹，可惜小宝贝连吃奶都不会。因为是第一胎，丑小鸭没有什么护幼的经验，当它自己受别的马欺负时，连刚出生的孩子也被踢伤了，小马驹因抢救无效第二天就夭折了。丑小鸭伤心极了，此后连续两年它都没再生孩子。

后来，我们把她从黑风家庭里隔离了出来，与其他6匹母马放在了1号场地，准备将这10匹野马放归野外。没想到曾丑得遭众马冷眼的它，竟然受到了相邻8号场地的单身公马的青睐，这可让丑小鸭有些受宠若惊。当时光棍群的头领是一匹叫霸王的野马，它无可救药地爱上了丑小鸭，每天都站在铁门前守望，风雨无阻，任何试图靠近的野马，都会被它毫不留情地赶走。丑小鸭的爱情生涯里，总算出现了一些意想不到的惊艳，有了一段突如其来的幸福时光。

一天下午，霸王急切地用前蹄使劲敲击大门并发出哼哼声，也许在唱着“对面的女孩看过来，看过来，看过来，不要被我的样子吓坏，其实我很可爱”呢。可不知怎么回事，丑小鸭竟然定定地站在与2号场相邻的栏杆边，对霸王不理不睬。过了一会儿，它竟低头采食起地上的剩草来。霸王有些恼怒地再次敲门，丑小鸭装作没有听见，只顾吃草。霸王着急地在大门前跑来跑去……后来我发现，原来丑小鸭已移情别恋，爱上了2号场的头马小帅虎。尽管小帅虎经常厌恶地追咬丑小鸭，但丑小鸭仍然痴心不改，整天呆呆地在栏杆边守望。这可使每天在大铁门边守望的霸王气疯了。它急切地哼哼，使劲地敲击大门，或者在围墙边跑来跑去，试图吸引丑小鸭的注意。

霸王经常一动不动地站在铁门边眺望丑小鸭，骁勇彪悍的身形无比落寞。我的心被触动了，突然觉得作为王者的霸王是多么孤独！公马群里，其他公马都三五成群地在一起玩耍或者采食饲草，只有霸王在大门口茕茕孑立。我想，这位大王一定很郁闷吧？一定对铁栏杆恨之入骨吧？一定对大草原充满了无限的渴望吧？冲出围栏，是一匹野马的最高理想；纵横荒原，是一匹野马真正的生活。霸王那抬头扬颈默默守望的姿态，深深打动了我。

这种令丑小鸭眩晕的甜蜜时光持续了两个月，它就被放归野外了。在卡拉麦里旷野里追风逐月，自由自在地恋爱生子，这才是她最大的幸福和长久的渴望，这才能让她扬眉吐气，如丑小鸭变成了美天鹅一样幸福和自豪。

丑小鸭很快又有了新的爱情，当上了大帅的儿子准噶尔 99 号的美娇娘，那段在围栏里受欺侮、受冷遇的憋屈荡然无存！一年后，她还生了一个健康可爱的儿子。这是野外的新生代，真正的大自然的孩子。丑小鸭的心情舒展得如浩瀚无际的卡拉麦里一般。它每天在旷野里快乐地奔跑，和亲密爱侣、孩子一起，享受着卡拉麦里肥美的水草，享受着这来之不易的自由。多么希望这种幸福能永远持续下去！

丑小鸭被撞的消息传来时，我一下懵了，泪珠禁不住滑落下来，它可是我有着 9 年交情的老朋友了。

那天早上，野放站工作人员接到卡拉麦里保护区阿尔泰站站长的电话，说在国道 216 线 330 千米处有一匹野马被撞了。人们匆匆赶赴现场，看见丑小鸭躺在公路东侧的大坑里，头朝野放点屁股朝公路，眼里满是泪水，还有无尽的哀伤和留恋。经检查，丑小鸭被撞在腰部，腰椎已完全断裂，后肢一点儿都动弹不了。它的前腿不时无力地挣扎两下，轻轻地扭动一下头和脖子，可能在寻找丈夫、孩子和同伴们。在场的人见此情景无不落泪。经过对现场撞击后留下的痕迹的分析，丑小鸭是被从北向南行驶的车辆撞击后，从公路中心线滑向路边坑里的，滑行距离约 30 米，附近的路面上有清晰的擦痕和野马的被毛。工作人员立即用绳子将丑小鸭的四肢捆起来，七八个人小心翼翼地将它抬上卡车，运到保护站进行救护。经过近 10 个小时的紧张抢救，工作人员还是无力回天，可怜的丑小鸭在当天晚上 11 点半停止了呼吸，告别了它幼小的儿子和亲爱的丈夫，告别了它享受不久的自由与幸福。

就在丑小鸭事故后，接连又有两匹幼驹和一匹头马因被撞而尸横荒野！

接二连三的惨剧让人们开始思考，为什么悲剧会连连发生呢？

据野放站监测人员介绍，普氏野马的放归地点位于国道 216 线 311 千米处的西侧，距国道只有 500 米左右，310 至 330 千米之间的国道两侧也成了野马的主要活动区。水源紧临公路，食物丰富区在公路另一侧。当时有六个野马群，它们按规律每天下午和第二天的凌晨五六点钟到公路两旁的水源地饮水。因为没有野生动物通道，野马为了饮水和采食必须靠近或者穿越公路。这段时间的过往车辆车速过快、司机疲劳驾驶等原因，直接造成了事故的发生。进入夏末秋初时节，野马习惯于采食路基两侧较优良的饲草，有时在一个小时内要横穿马路 5 次之多。这使那些应激性强的母马和当年新生的活泼好动并缺乏应对危险经验的幼驹来讲，很容易因为惊慌而被高速行驶的汽车撞伤。

国道 216 线是乌鲁木齐通往阿尔泰的一条重要干线，其中有 202 千米纵向穿过卡拉麦里保护区，春、夏、秋季车流量很大，特别是旅游季节，车流剧增。虽然国道 216 线有限速要求，但过往的

野马正在穿越公路

小型汽车和重型卡车常会超速行驶。这里也没有限速带、限速牌和野生动物通道等保护设施，这些都为野马留下了严重的安全隐患。

2007 年可谓是野马损失最惨重的一年，听闻自己亲手养大的野马一匹匹惨死于车轮下，我无法抑制自己的悲痛。卡拉麦里在失声痛哭，泪水汇聚成汹涌的太平洋，滔天巨浪悲愤地拍打着黑色的 2007，一浪高过一浪。

野马的流浪之歌

为了避免野马惨死于车祸的事故再次发生，有关部门决定给野马选择新家。经过多次选址，最终选定乔木西拜作为野马的新家。乔木西拜位于距离国道 216 线 380 千米以西 30 千米、卡拉麦里山主峰以西 80 千米处，平均海拔在 1200 米左右，属于半荒漠地区的低山系，植被以旱生的灌木、草本和禾本科植物为主。入冬前，卡拉麦里开始了野马搬家前的准备工作。这次搬迁工作用了 4 辆卡车，使用了 20 个专门为野马量身定做的运输木箱。卡拉麦里保护区阿尔泰管理站和野马中心的 20 多名工作人员，历时 3 天完成了搬迁任务，将 43 匹野马搬到了新家。

围栏呈喇叭状，大家在喇叭小口处将马箱排成了一条长龙。为了让野马适应马箱，不会因恐惧而不进箱，工作人员在马箱内撒上饲草作为诱饵。渐渐熟悉后，马儿们特别是野外出生的没见过马箱的野马，就不会像开始时那样瞪着好奇的眼睛，用怀疑的目光打探这个新玩意了。它们东瞅瞅，西看看，左右徘徊，有时走近又转身躲开，直到饥肠辘辘，才禁不住箱内苜蓿草香味的诱惑，小心翼翼地边嗅边低头进箱。进去后，有的马会大口吃起来，有的吃上两口会再谨慎地退出来，或从马箱的另一头出去，再东张西望地探个究竟，直到确认没什么阴谋或危险，才又进箱里吃草。这么一来二去过了几天，野马对马箱的恐惧及顾虑完全消除了，它们就像平时走路、散步一样大摇大摆地进出箱子。

装箱的时机成熟了。

搬家那天，卡拉麦里的雪野面孔惨白，寒风恸哭不止，乌云张牙舞爪地扑向大地，风像刀子一样割在人们脸上。大家全副武装，穿上厚厚的军大衣，戴上棉帽和手套，套上笨拙的大厚靴。但是零下 30 度的天气，还是冻得大家经常搓手跺脚的。

装箱时，平时自由出入的马儿们看到七八个人站在排成长龙的箱子上面，都变得警惕和惶恐起来，箱内有再好吃的美味都不愿进去，人们只好在围栏内将马朝箱口处慢慢地驱赶。往往有一两匹带头进去后，后面的马就会慌乱地随后进入。野马完全进入箱内后，站在上面的人会用闪电一般的速度把门放下。这时，野马才知上了当，恼怒地踢打碰撞箱子，在里面跳腾着想冲出来。这常常会造成一些皮毛伤，可无论怎么努力，马儿都出不去了，只好焦虑地嘶鸣着。特别是马妈妈与自己幼小的孩子分开时，母马与小驹都会发出慌乱的哀鸣，声声呼唤着对方。而母幼又不能装在同一只箱子里，只能分开装，工作人员把装母幼的两只箱子并排放在同一车上。当

野马正在进入木箱

马妈妈确认自己的孩子在身边时，它才会逐渐平静下来。装箱时还遇到了一些麻烦，有个别马儿极不配合。有一匹3岁的母马在小围栏内跑来跑去，跑得浑身是汗，就是不愿进箱。野马们的不配合让工作人员不得不花费更大的力气，这也影响了野马搬家的进程。

野马装完箱后，工作人员用吊车将箱子吊上卡车，整装待发。运马车队被风雪裹挟着，向新的野放点出发。由于卡拉麦里保护区道路起伏不平，受路上颠簸及冬季积雪的影响，车辆只能如老牛拉车般慢腾腾、摇摇晃晃地向前行进。有时坡度起伏较大，感觉整个马箱都要从车上摔下去了，野马们把箱子踢得直响。马的哀鸣声随着卡拉麦里呜咽的狂风，在准噶尔大地上蔓延开来……

漆黑的柏油路像条毒蟒，横挡在野马家园门口，多少野马的生命已葬于它的口中。野马们在异国他乡颠沛流离，被围栏和锁链监禁了百年，好不容易才回到了新家，回到了祖辈们曾栖息的家园，回到自由的卡拉麦里，又不得不搬家。自从百年前被猎杀、猎捕，长途运至国外，野马们已不知搬了多少次家。从这个国家到那个国家，从这个动物园到那个动物园，野马们就像是流浪的小孩，一直在无助地流浪着。

要在卡拉麦里荒原找个理想的放归地也真不容易。这里有矿产开发，那里有羊群抢食；这里有马路横贯，那里又架起了电网。世界这么大，不知哪里才是野马真正的家。野马们无法主宰自己的命运，在流浪中流血，在流浪中丧命，在流浪中失去真正的自己。难道流浪是野马的宿命？马蹄声嗒嗒，那是野马在叩问大地回家的路究竟有多长。

回家的路有多长？多少代野马已殒命在路上，用生命和鲜血把回家的路来丈量，百年的屈辱在岁月之河中流淌，那流也流不尽的弯弯曲曲的忧伤！

回家的路有多长？满目的疮痍遍布异国他乡，人类的欲望还在把马儿回家的路拉长。一道道围栏和锁链把自由来阻挡，爱情的鸟儿也折断了翅膀。

回家的路有多长？梦里的故乡也早已改变了模样，何处才是狂野魂灵纵横驰骋的疆场？野马的家搬了又搬被挤得无处躲藏，难道只有梦里才能找到家园找到天堂？

野马从装运箱中冲出

颠簸了十几个小时终于到达乔木西拜。由于一天只能运输一趟，工作人员冒着严寒，啃着干馕，泡着方便面，喝着凉水，连续三天奔波在崎岖的路上，终于完成了搬家任务。而到了新家后，疲惫不堪的野马们似乎并没有什么欣喜，站在雪野里茫然四顾：这里是自己的家吗？以后是否就不用再流浪了呢？也许心中的疑问并没有答案。它们又像风一样狂乱地奔跑起来，阵阵悲鸣冲向天空，仿佛在高声唱着流浪者的哀歌……

老骥伏枥，志在千里

国庆前夕，秋高气爽，经过野马中心工作人员近半年的辛苦准备，又一批野马将要冲出围栏，踏上回家的路，野马中心上上下下为之欢欣鼓舞。15 匹野马将要被送往卡拉麦里保护区乔木西拜野放野马监测站，回归大自然的怀抱。

自从 2001 年 8 月首批野马放归大自然以来，野马中心已先后

向野外放归了十几批次的野马。这次将放归的 15 匹野马中，有 6 匹身强体壮的年轻后备公马和 9 匹母马。这 9 匹母马不全是正值青壮年的精兵强将，其中有 6 匹是 22 至 26 岁（相当于人的七八十岁，野马的寿命约 30 岁）已步入晚年的老母马。以前为了减少损失，一般不会把老弱病残的野马放归野外，都是选年富力强的出去，而老马则被放在马圈里，由人精心照顾，颐养天年。

这次放出去的老马们，能够抵御各种难关，经得住大自然风雨的洗礼吗？人们心里难免会充满各种担忧。而专家们却一致认为，可以将这些老马放出去，生老病死、优胜劣汰是大自然的规律。而且野放野马大多数已成功适应了野外环境，在它们的带领和影响下，老马将会更容易适应野外生活。

对这些老马们而言，这一天已盼望了一生。比起那些终生失去

自由而最后屈死在围栏里的马儿们，它们作为第一批获得自由的老马们，要幸运得多。本以为老了、病了、残了，回归原野就再也无望了，只能默默地低着头，含着腰，在狭小的圈舍里苟延残喘，过着“衣来伸手，饭来张口”的安逸日子。可抬头问问苍天，低头问问大地：这是一匹野马真正想要的生活吗？是曾经叱咤风云、笑傲荒原的王者之风吗？这样活着对得起连野狼也曾闻风丧胆的“野马”的名号吗？这跟把野性十足的老虎、狮子困在牢笼里有什么区别呢？那流淌在骨子里的野性血液在愤怒咆哮，如狂风，如巨浪，仿佛对着天地拼命呐喊：“不，放我出去，我要自由，我要自由！”多少野马，为了爱情，为了自由，对着囚禁它们的铁栅栏横冲直撞、狠命踢咬，把碗口粗的铁栏撞得扭曲甚至断裂。

“生命诚可贵，爱情价更高。若为自由故，二者皆可抛。”突然发现，这首诗居然也是失去家园、失去自由的野马们内心世界的生动写照。

这些老马们大多都是优秀的繁殖能手，特别是较年长的准噶尔21号和准噶尔33号，真可以称得上是英雄母亲。它们一生都在含辛茹苦地生儿育女，为野马种群的壮大做出了卓越贡献，可谓是野马家族的功臣。如今儿孙们一个个都回归自然，享受着大自然的阳光和雨露，体验着自由的快乐。可它们却老了，不适宜再繁育后代了，只有待在圈舍里，悄悄地做着回家的梦。

对于这些为野马家族壮大和复兴默默奉献一生的老马们，对于这些比大熊猫还珍稀的国宝们，我们有什么理由不让它们获释，不让它们找回生命的尊严，不让它们生而为强者、死亦为英雄呢?

为了顺利送野马回家，野马中心工作人员已经做了半年的准备。大家根据野马的谱系关系、年龄结构、性别比例、健康状况等进行精挑细选，制订了野放实施方案。通过专家论证和林业厅审批后，又进行了分群工作，将 15 匹野马从原来的野马家庭里分出来，单独组成野放公马群和野放母马群。紧接着，又给这些要放归的野马进行体检（检疫和驱虫），按照“适应性饲养——栏养繁育——半自然散放试验——自然散放试验——自然生活”的方案进行半散放训练。野马在类似于野外环境的半散放区可以自由采食各种天然植物，在开阔的场地内自由奔跑。通过半散放试验，野马可以增强体质，提高野外适应性。野马中心工作人员还专门为野马量身打造了 15 个崭新的野马运输箱，箱子首尾相接，像一条长龙似的摆放在装运马的圈舍内。经过不断演练，如今野马们个个训练有素，能够很自如地列队进箱了。

有一种渴盼叫望眼欲穿，这些即将回归自然的野马们显得有些迫不及待，时常跑到铁门前，久久地伫立，痴痴地望着远方，望着回家的方向。如今，这一天马上要到来，野马们个个精神抖擞，容光焕发，眼里燃烧着青春的火焰，仿佛年轻的自己又复活了，那个斗志昂扬、英姿飒爽的自己正从灿烂的朝霞中走来，从 6000 万年前的远古走来。老马们激动得仰天长啸，向全世界发出了最嘹亮、最快意的嘶鸣，豪气直冲云霄。

老骥伏枥，志在千里！虽然近黄昏，夕阳无限好！即使步履蹒

跚，只要回到大自然的怀中，它们便是无比自由的神骏！就算是到生命的最后一刻，也要冲出禁锢，活出自己！谁说这些“英武须眉”“巾帼女将”老了，只要冲出去，它们就是复活的王子和公主。它们将用自己所有力气，向大自然的风霜发起最有力的搏击，就像第一批回归自然的野马先锋们，不惧雪灾、不畏狼群！

野马的天敌——狼

野马野放后，它们的天敌——狼，时刻都在对它们虎视眈眈。野放的第一个冬季，人们在雪野找到失踪的野马群时，就发现有一匹小马驹后腿被狼咬伤。2003 年春季，野外小驹出生后，狼对野马的威胁日益增加。因为对付马群或者大马比较困难，狼群的主要进攻目标是小马驹。

在蒙古国野马保护区，狼群活动十分猖獗，每年都会有很多马驹葬身狼腹。在我国新疆卡拉麦里自然保护区野放站，监测人员也常发现有狼群在野马群周围活动——野马的水源地和野马走过的小道上，经常发现新鲜的狼的爪印和粪便。冬季去巡护时，雪野里也常会看到狼的爪印。还有牧民反映，不知从哪来的一只戴有跟踪项圈的狼，常在三个泉野马管理站周围活动，曾吃掉他家的一头牛和十几只羊。

关于狼的传闻，我听野马巡护人员说过不少。在野外跟踪、监测野马多年的巡护员就曾向我讲述了狼的故事。

“那时每升油 3 块多钱，每个月的加油钱只有 150 块，遇特殊情况时有 300 块。为了节省油钱，我们常常步行去找马。有一回，我把车停在山坡跟前步行去找马。我从山梁绕过去，站在制高点，想看看周围有没有野马。突然，在离我不到 20 米的地方，出现了一只狼！我脖子上的汗毛刷地立了起来，感觉后背凉飕飕的，我真想立刻逃回车里，但我不能跑，车离我有 200 多米远，一跑狼就会追上来。我只能站在那里不动，与狼对峙。我向四周看了看，发现周围没有别的狼。于是，我一边看着狼，一边慢慢往后挪动脚步。

狼

退到半山坡时，视线被山坡挡住，总算看不到狼了。此时我最担心的是万一狼追过来怎么办，我跑都来不及。想到这里，我恐惧到了极点。退到谷底后，我又转身上了另一个高坡。我很幸运，狼并没有追上来。也许当时狼的想法跟我一样，它可能也怕我，当我退出它的视线时，它也掉头跑远了。我一下松了口气，加速跑回了车里，算是从狼口把命捡了回来。”

在野外碰上狼，人只要开着车就有安全感，就算狼撵上来，也追不上车，这时感觉人比狼强大。但如果徒步遇见狼，说不害怕那都是在吹牛。人多时如果碰见一只狼可能不会害怕，但若碰见狼

狼群

群，也还是会怕的。

野马放归的第一年夏天，小白房子（野放初期巡护人员的工作场地）附近也曾来过一只狼。那时，巡护人员值班时在戈壁滩发现了一只死野驴，就拖了回来，扔在离小白房子三四十米远的地方。有一只狼发现了这只死野驴，每天晚上都过来吃。那会儿正是夏天最热的时候，驴肉都成了风干肉。晚上，戈壁滩非常寂静，没有别的声音干扰，狼爪抓野驴皮啃骨头的声音显得格外清楚。后来工作人员跟主任说，房子跟前有只狼，主任就借了支猎枪防备着。那匹狼特别聪明，可能闻到了火药味，晚上就不来了。过了两天，主任把枪带走后，当晚狼又来了。估计那是只老狼，它的身体不太好，捕

小白房子

食能力下降，所以只能靠动物的腐肉支撑着活命。那只狼的胆子很大，人在离它二三十米远的地方它也不跑，似乎在试探人。

一般病狼、老狼有可能会攻击人，它会拼死一搏，逮着啥吃啥。牧民们也有一种说法，老狼才会攻击羊等牲畜。身体强壮的狼会避着人走，因为它捕食能力强，不缺吃的。尤其这些年，我们国家一直在加强保护野生动物，野生动物的食物链是健全的。狼的食物以野兔、沙鼠及旱獭为主，这些动物相对来说好抓。沙鼠个头很大，狼吃上三四只就可以填饱肚子。黄羊、野驴等野生动物对狼来说不好抓。

对野马来说，狼也是主要对幼驹及老马、病马下手。狼喜欢偷袭，曾经有一匹马驹后腿被狼咬了，还有一批出生才两三天的马驹脖子被咬了。当时我们找了最好的兽医给马驹打针吃药，还买了马奶，每天用奶瓶喂。但是狼牙上有病毒，小马驹的伤口化脓，最后发展为败血症，抢救无效死亡。好在正常情况下，一两只狼对野马群威胁不大。按照优胜劣汰的自然法则，狼也算是扮演着一个清道夫的角色。

食草动物见到狼时，一般靠两招儿保护自己：集中在一起组群互相保护或者逃跑。公野马非常厉害，一匹公野马可以护住有二十几匹马的大马群。但是野马刚放归野外时，刚当上头领的一些公马缺乏经验，自我保护意识不强，不会护群，不知道躲避天敌狼。

在圈养条件下不存在天敌捕食的威胁，但放归后的野马必须面对狼的威胁。野马生活于开阔的原野，缺乏明显的隐蔽场所，必须具备防御狼的攻击和捕食的能力才能生存。总体上，野马群经受住了野外生存的考验，狼没有对它们构成重大威胁，即使因为狼损失了少数野马个体，也在正常范围内。

正是狼的存在，才使卡拉麦里更加野性十足；正是狼对病弱有蹄类的捕杀，才使野马、野驴和鹅喉羚的种群朝着更加健康的方向发展。

给野马皇后戴项圈记

十一月的一天下午，我们一行八人驾着越野车，沿着横穿古尔班通古特沙漠的公路，前往 300 多千米外的三个泉野马管理站。我们此行主要是来探寻野化最成功的野马群，并给部分野马戴上监测用的项圈。

沿途可以看到路两旁土黄色的沙丘连绵起伏。乌鲁木齐和野马中心已是冰天雪地，而这里却找不到一丝雪的影子。进入沙漠区后，路两边几乎看不到野生动物的踪迹，只见到一只黄羊，我们刚停下车想去拍它，它那灵巧机警的身影就跳跃着奔向了远方。

傍晚时分，我们到达了三个泉野马管理站。这是由几栋平房围成的具有哈萨克风情的大四合院，绿色和土黄色的房屋墙面粉刷一新，院内还有两个大蒙古包。院子附近有很大的草料库和牛羊圈，周围全都是梭梭林。整洁的院墙上挂有福海县三个泉野马管理站、福海县喀拉玛盖乡国家公益林管理站、福海县三个泉牧业办公室、福海县救灾物资储备库等牌子。

这个寂静的小站位于荒漠腹地，人烟稀少，离最近的喀拉玛盖乡有 200 多千米。我们见到了站上的几名工作人员：三个泉野马管护站站长朱马别克、巡护员吉恩斯夫妇、木拉力别克夫妇和他们仅六个月大的小女儿、前来协助找马的喀拉玛盖乡林管站站长加尔肯以及护林员吉克拜。他们用哈萨克族的美食——奶茶、馕、手抓肉等，盛情地接待了我们。大家边吃边商量，确定了第二天的找马计划。

第二天早晨醒来，只见洁白的雪花纷纷扬扬地飘舞着，世界已是白茫茫一片。这意味着三个泉野马野放站的冬天正式来临了。

早饭后，我们开着三辆车，向着三个泉方向，迎着风雪去寻找野马。

开了没多远，风就大起来，地上的雪沙在风的作用下如水一样流动着。一路上，我们不时向四周张望，有时下车用望远镜四处搜寻。风夹着雪扑面而来，让人睁不开眼睛，无疑增加了找马的难度。如果是晴天，雪地里可以看到马的蹄印，而今天，风雪很快就会把蹄印遮住。偶尔可见散落荒野的马粪，证明野马曾在此活动过。根据马粪的新鲜程度，还可以大概判断出它在此地活动的时间。

我们在风雪中一路颠簸，又开了十几千米，终于到了三个泉，大家纷纷下车四处寻马。这是一个绵延上百千米的大沟，里面红柳、梭梭柴、芦苇等植物繁茂。此时，白雪覆盖了这条长沟，雪花依然在飘，展现在我们面前的是一个美丽的童话世界。面对这片

作者和雪地里的野马

远离尘世喧嚣、银装素裹的纯净世界，人的内心也会变得宁静又安详。第一次来到这向往已久的地方，我一下子就被深深吸引了。我端起相机，让这美丽的童话世界在我的镜头里定格。

有了雪，野马对水源地就没有了依赖，靠吃雪就可以满足饮水需求。随时随地可以吃到冰爽的“雪糕”，野马们可以跑得更远，尽情地在雪野里驰骋，让人寻不到它们的踪迹。

我们在这里没找到野马，就准备返回管理站。返回途中，我们兵分三路接着寻马。突然，司机小于一手扶着方向盘，一手指着窗外，喊道:“找到野马了！”我们都伸直了脖子朝他指的方向望去，只见一片白茫茫的天地间确实有两个黑影。这大海捞针似的搜寻，总算有了结果，不由得让人激动万分。

这两匹马距离我们大约有七八百米，我赶紧下车，用镜头对准了那两个正警觉地朝我们张望的身影。野马随后朝着我们的右前方跑去，边跑边朝我们张望，跑到距离我们四五百米时，停留了片刻，而后向远处飞奔而去。

好一对野性十足的神仙眷侣！它们看上去精神抖擞，神采奕奕，膘肥体壮。这对大漠精灵的出现，让这了无生机的荒野突然变得灵动起来。看着它们闪电一般远去的身影，我不由得心生遗憾。多想跟它们再走近些，再多看它们一会儿，看看那匹野外生野外长的“原汁原味”的真野马头领。

天放晴了，湛蓝的天空中飘着如绢般的白云，茫茫雪野在明晃晃的阳光下有些刺眼。梭梭柴枯死的根随处可见，如一个个艺术品，千姿百态，有的像兔子，有的像鸟，有的像狗，有的像舞蹈者，有的像一个若有所思的人……随着人的丰富想象力而变得鲜活和生动起来。最夺目的是那不时出现在面前的琵琶柴，红艳艳的团团簇簇盛放在雪野里，如冬天里的一团团火焰，总是让人眼前一亮。严寒和冰霜并没有让它们褪去靓丽的红装，它们披着冰雪外衣，如楚楚动人的花仙子，以难以抗拒的热情与柔情，在冰雪之中欢迎着远方的客人。

一对野马神仙眷侣

到了如火焰般的一片山峦间，我被那五彩斑斓的美丽山丘深深吸引。这种被称为五彩城的景观是典型的雅丹地貌，由深红、黄、橙、绿、青灰、灰绿、灰黑、灰白等多彩的泥、页岩构成。早在侏罗纪时代，这里沉积着厚厚的煤层，经过风吹雨打后，煤层表面的沙石被冲蚀殆尽，又经曝晒或雷击起火，煤层燃尽，烧结岩堆积，加之各地质时期矿物质含量不同，这一带连绵的山丘便呈现以赭红为主，夹杂着黄、白、黑、绿等多种色彩的风貌。雅丹地貌远望近观，状如城郭，五彩城由此得名。这些美丽无比的山丘群此时已披上了一层薄雪，红白相间，别具魅力。比起那些红彤彤的琵琶柴，这里所展现出的是更兴旺夺目的冬的火焰，如一群群身着节日盛装的舞者，让人禁不住也想在这蓝天白云下尽情地舞上一曲。冬天一下变得暖和多了，我全然忘记了自己正处于零下十几度的冰天雪地之中。

野马们跟我们捉了一天迷藏，这会儿总该现身了吧？找了近两个小时后，恩特马克打来电话，说在五彩城附近发现了野马群。木拉力别克用望远镜向恩特马克所说的位置望去，激动地喊起来："找到野马群了！"我顺着木拉力别克指的方向望去，只见在我们左手方向的山丘前，大约一千米远的地方，有一大群野马！

也许野马们也陶醉于起伏的五彩山峦美景之中，就在我们下车边欣赏美景边搜寻它们的时候，它们刚好也到了那里。

我们向野马群所在的地方缓缓行进。到了离野马群四五百米处，我们的车停了下来，怕再往前走会惊扰野马群。

这些野马如此难以接近，要怎么给它们戴上项圈呢？

巡护员们从车上卸了几捆苜蓿草，一人抱着一捆约三四十千克的草向野马群走去，木拉力别克胸前挂着一个照相机走在最后。恩特马克和曹青开始紧张地做起麻醉野马和给它们戴项圈的准备工作，王臣和小于在一旁协助。

此时，野马群正在彩色的山峦前沐浴着暖融融的阳光。见到车后，它们抬起头，齐刷刷地向我们行注目礼，也许正犹豫是否要躲开我们。但是，那渐渐向它们走近的苜蓿草捆是它们无法抵挡的诱惑，它们看起来有些蠢蠢欲动，想向我们靠近，又小心翼翼地驻足观望。到了离野马们一两百米远处，巡护员们放下苜蓿草捆，解开绳子将草撒开。草撒完后，待巡护员们走开，野马们开始向草捆冲过来。

公马头领准噶尔 295 号冲在最前面，它先品尝了几大口，发现没什么问题，其他野马随即蜂拥而上，开始大快朵颐。野马们看上去精神焕发，膘情很好，毛色光亮，非常机警。冬季，它们的毛长长了，仿佛穿上了厚厚的御寒皮袄，看上去毛茸茸的，特别是那些

野马奔向饲草

野马津津有味地享用饲草

今年出生的小马驹，萌萌的样子让人顿时心都化了。

2006年9月底，来自美国的三位女专家曾专程来到卡拉麦里保护区，给放归野外的两匹野马首次佩戴无线电卫星项圈。佩戴项圈首先要对野马进行麻醉，这在野外相对较困难。以前所佩戴的几个项圈主要是由有经验的美国国家动物园兽医进行野外麻醉操作的。野马的麻醉采用麻醉枪射击的方式。目前所使用的麻醉枪为吹管枪，有效距离在20米左右，一般射击目标动物的臀部进行麻醉。野马被射中后，一般在30秒到1分钟内失去知觉。由于麻醉时间不宜过长，需要尽快佩戴项圈，同时需注意马匹的生理反应情况并作出相应处理。项圈在佩戴前需要进行开机调试，确定开机正确后方可进行佩戴。佩戴时应注意项圈不可过松或过紧。过松会导致项圈容易被野马咬掉或摩擦脱落，而过紧会影响野马的呼吸和进食。项圈佩戴后兽医对麻醉的野马施行解药动脉注射，约半分钟内野马将恢复知觉，并在一分钟内恢复活动和奔跑能力。

近几年，野马麻醉工作主要由野马中心的高级兽医师恩特马克完成。给野马打疫苗和治病的多年实践使恩特马克的诊治经验越来越丰富，麻醉和打飞针技术也越来越娴熟，打飞针几乎是百发百中，连晚上都能做到弹无虚发，简直成了神枪手。以前恩特马克试用了好多种国产的麻醉药都麻不倒野马，所以才用效果较好的进口麻醉药M99。但是，M99危险性很大，皮肤一旦接触到药液，人会在数秒钟内死亡，所以恩特马克干的是个十分危险的活儿。这活儿需要胆大心细，严格控制剂量，严格按照操作程序进行麻醉，不然稍有不慎就会危及生命。恩特马克每次给野马麻醉的时候，都会把解药交给助手王臣，以便自己一旦出现危险，助手可以立即给他打解药抢救。他还多次麻醉过野驴、狼、野猪等野生动物。

趁野马们放松警惕，恩特马克准备好麻醉枪，在离目标野马准噶尔 213 号仅 10 米左右的地方，将枪管内装有麻醉药的针管射了出去。带着红色毛尾巴的针管如飞镖一样，飞向准噶尔 213 号，正中它的臀部。213 号打了一个激灵蹿跳起来，它边回头看向肚子，边尥着蹶子，企图把针管甩掉。野马群顿时炸开了锅，停止采食，往远处跑了十多米远，又折了回来。大约一分钟之后，准噶尔 213 号出现醉酒样步伐，步态不稳，走路摇晃，很快就趔趔趄趄地倒了下去，呈侧卧姿势。其他野马在它身边好奇地围观着，有的瞅着瞅

野马皇后（中）“中枪”

着，还凑过去对倒下去的准噶尔 213 号闻一闻。

准噶尔 213 号是准噶尔 61 号和准噶尔 57 号的后代，2007 年放归时它只有 4 岁。这是一匹非常漂亮的母马，毛色金黄，体态健美，连续 3 年都产了驹，是在三个泉繁殖最优秀的一匹母马，2011 年它与兰多生了在三个泉野马群繁殖的第一匹幼驹（但未成活）。从兰多、艾蒙、准噶尔 132 号到现任丈夫准噶尔 295 号，野马群 12 年里更换了四位“国王”，而准噶尔 213 号的“皇后”地位却稳如泰山。它的肩上有“V”字形的燕尾标志，这是英国马后代的遗传标志，跟胎记一样，出生时就有。

恩特马克和曹青等人迅速聚集到 213 号身边。恩特马克和曹青跪在马头边，用一块布将野马的眼睛蒙住，再用手钳子等工具将初放归时戴的不能自动脱落的项圈卸掉。这个旧项圈因电池寿命仅有一年，早已失效。而后他俩迅速将新项圈佩戴好，又给野马打了解药。大约一分钟后，野马醒了，站立起来，抖了一下身上的雪，向走远的家族群方向奔去。

这次佩戴的项圈比较先进，具有自动脱落装置，到期可自动脱落，同时还有拍摄功能。由于野马大多时候都是处于活动状态，拍摄出的照片会不清楚，因此我们会设置每天拍摄 30 秒的视频。

根据野马的习性，佩戴项圈首选野马家族群中地位最高的雌性个体。这些个体在群体中地位最高、生存经验丰富且基本不会改变其家族群的归属。家族群的日常活动基本由这些地位最高的雌性个体即野马皇后决定，所以跟踪它们基本就可以掌握其所属家族群的

戴项圈的野马

活动情况。通过安装卫星跟踪项圈，进行远程监测，分析卫星跟踪项圈所采集的野马不同季节活动区域的数据，能为今后的野马放归工作提供卓有成效的科学指导，是科学选择放归点和成功放归的重要保障。

我们准备返回时，太阳已落山了。在这冰天雪地里能够找到最野的野马群并给其中的野马皇后戴上项圈，我们算是不虚此行。

扎根荒漠的护马人

十月的一天，我来到卡拉麦里保护区乔木西拜野放野马监测站，看望前不久刚刚放归的 15 匹野马，刚好遇上哈萨克族巡护员艾代和其他一些同事值班。野放野马种群的日渐壮大和野性的逐步恢复，离不开长年在戈壁荒野守护野马的保护者们的坚守和付出。这些朴实无华的一线工作人员，让我的内心充满了无限敬意。

高中毕业后，只有 20 岁的艾代就来到野马中心当饲养员。在野马中心当了 3 年饲养员后，艾代跟随第四批野放的 10 匹野马来到了第一个野放点，跟野马中心的监测人员一起巡护放归野马。他们一起度过了野放初期最寂寞、最艰苦的岁月。

当时，他们居住在一个约 20 平方米的一厨一卧小平房内。野放点仅有一口井，井水又咸又涩，人不能喝，饮用水得从离老野放点约 40 千米的恰库尔图小镇运来。大家每月只有 300 元的加油钱，为了节约经费，工作人员每周只去镇上拉一次水，同时购买米面油菜及生活用品。而到了夏天，喝的水不到三天就会发霉长毛，工作人员有时喝了这样的水会腹泻或者皮肤过敏，得了急性病连个看病的地方都没有。

为了节约车的油料费，艾代和他的几位老大哥经常步行十几千米监测野马。随着野性的不断恢复，野马会越走越远，活动范围越来越大。而且随着野外种群的不断壮大，野马自然分化成了好多家庭，活动点也随之增加。监测人员的工作强度、难度及危险度也随之加大。为了找马，他们有时会在茫茫戈壁迷失方向。夏天高温酷暑，在烈日下跟踪、监测野马的行踪，人常常渴得要命，喝多少水

艾代正在给野马的水槽加水

都感觉不够，出来找马时带的水总不够喝，野放站监测人员多少次因中暑而倒下。

巡护员们每天都要去巡护野马，记录野马的群体大小、群体变化、采食、饮水、活动、繁殖、疾病等情况，以及野马活动区域的GPS点位、海拔高度。干旱季节，他们还要给野马、野驴、鹅喉羚等野生动物开挖清理水源地，给水源地拉水补充。夏季要给野马储备冬草，冬季要将部分野马赶回围栏喂草补饲。

艾代的巡护经验越来越丰富，他就像是野马的跟踪器、定位仪一般，对野马的行踪了如指掌。十多年来，他坚守在野马野外巡护监测岗位上，风里来雪里去，卡拉麦里的烈日和风霜在他脸上刻下了难以磨灭的印记。为巡护和救济野马，艾代和他的同事们多次陷入险境。

艾代正在通过望远镜观测野马

2007年秋的一天，为了寻找野马群，艾代和王臣、李学峰三人，在崎岖的戈壁丘陵上奔波了大半天。到了太阳下山时，他们又渴又饿，想就此放弃，第二天再接着找。可是，在返回的途中，由于天黑，加上风沙弥漫，他们竟迷失了方向，不知不觉走进沙漠中，车陷入了一个大沙坑里。在狂风的作用下，四周大沙包的沙子不断被吹过来，如恶魔一样，欲把车子吞没。李学峰加大马力想把车冲上坡去，可是车子越陷越深，一点儿也动弹不了。在漆黑的夜里，只听到呼啸的风声和呜呜的马达声，仿佛是一种绝望中的哭喊。可是没有信号，没有人影，谁也听不到他们无助的呼救声。

还好，在车被狂沙完全淹没前，风渐渐小了，而此时，狼的嚎叫声却此起彼伏，让人毛骨悚然。艾代透过车窗往外望，见远处有几盏蓝莹莹的小灯，鬼火一样在闪烁，一定是狼发现了他们，正向他们逼近。他们赶紧锁住车门，躲在车里大气也不敢出。他们就这样在心惊胆战中等待天亮，出门时带的干馕已吃完，饥肠辘辘也只能忍受煎熬，每一分每一秒都变得那样漫长。这些堂堂男儿，平日里监测野马再苦再累也从未掉过一滴眼泪，在身临绝境的漫漫黑夜终于忍不住流下了泪水。

还好，水壶里有足够的水，支撑着他们熬过了最漫长的一个夜晚。天色终于开始亮起来，清晨的第一缕阳光如同救星般，让他们看到了生的希望。

艾代艰难地打开被沙子堵住的车门，爬上沙丘往四周望去，沙海茫茫，没有一个人影。值得庆幸的是，昨夜的狼群已退去，并没有袭击他们。他们已饿得没有力气，眼前当务之急是先弄些吃的，然后再想办法把车开出去。车里还有一些大米和不锈钢饭盆，他们决定熬些米粥来充饥。他们从四周拔了些干枯的梭梭柴和野草，用

打火机点着，熬了些稀饭喝。吃完后，他们又拔了更多的梭梭柴、红柳枝，垫在铲出的一条路上，一人开车，两人在后推，费了九牛二虎之力，总算把车推上了沙包。就这样，他们用梭梭柴、红柳枝铺路，一点点前行，根据太阳判断方向，慢慢摸索着前进。走了约六个小时，终于走出了沙窝子，来到了路面干硬的戈壁丘陵。休息了一阵后，他们开始往监测站走，总算把命捡了回来。

这样的生死经历并没有吓退艾代他们。作为“马背上的民族”哈萨克族的一员，艾代从小就与马结下了深厚的感情，对野马更是情有独钟。野马巡护生涯已经让艾代成为了“一匹放归大自然的真正的野马”。每天开车颠簸几十甚至上百千米去找马，已成为他生活中必不可少的一部分。一天不出去跑跑，一天见不到野马，他就感觉缺失了什么。甚至每次回到家里，住在牧民安居房里，他都非常不习惯，像是野马被关在了圈里。他就像是荒漠里那些生命力顽强的低矮小草，紧贴着大地生长，不惧风雨。

工作环境艰辛、待遇不高、家庭经济压力大这些困难终究未能动摇艾代永远守护野马、让野马回归自然的梦想。为了更好地适应工作，用现代化监测技术手段去监测野马，艾代也想去高等学府进修深造，学习野生动物管理和疾病防治知识。但愿不久的将来，他能梦想成真。

“野马”的爸爸

三个泉野放野马监测站生存着 19 匹野化最成功的野马，这些野马已连续十几年在严冬不需要人工补饲了。

哈萨克族巡护员木拉力别克是三个泉野马监测站的一名巡护员，长得人高马大，黝黑而粗糙的脸庞上长着一对黑亮的大眼睛。他看上去像是一个摔跤运动员，一手可以提起一只小牛犊。听说他学过柔道，我想，野外的狼见了他这块头，也许都会闻风丧胆、落荒而逃吧。

谁知，他还真吓跑过狼。有一回，他在巡护野马的过程中遇见一只狼，狼与他只相距二三十米。对峙了几秒后，木拉力别克高声呵斥，抓起地上的土向狼撒去，同时挥舞手中的棍子，狼见状扭头便跑。

他和妻子加依娜古丽婚后生育了两个儿子和一个女儿。大儿子出生于 2013 年，三个泉放归的野马刚好也在那年繁殖成功，产下了一匹野马小王子，木拉力别克就给自己的大儿子取名“胡兰”（哈萨克语，意为“野马”）。野马中心高级兽医师恩特马克开玩笑说，木拉力别克生了三个孩子，一个是野马，一个是野驴，一个是黄羊。

自 2012 年三个泉野马管理站建立以来，木拉力别克就从一名公益林管护员兼起了野马巡护员的职责。还有另一名巡护员吉恩斯，也是与妻子一起守护着公益林和野马。加上站长朱马别克，三个泉野马管理站共有五位工作人员。

木拉力别克和吉恩斯两人平时主要承担野马巡护任务。他们经常骑着摩托车，背着望远镜，带着水和干馕，结伴而行。因为荒郊野外，荒无人烟，万一遇见狼，两个人也好有个照应。

木拉力别克骑着摩托车监测野马

戈壁有些地方一马平川，有些地方却遍布沟壑，崎岖不平。木拉力别克偶尔会不小心从摩托车上摔下来，身上青一块紫一块的。他挽起袖子时，左胳膊上的一大块瘀青清晰可见。冬季，他大多是推着摩托车，深一脚浅一脚地在雪地里艰难行进，身上的汗常常把衣服都湿透。一年四季，骑着摩托车风里来雪里去，大漠的狂风暴雪和戈壁的风霜烈日像刀子一样，在木拉力别克的脸上刻满了沧桑。

以前的老野放点安排有两批工作人员，他们可以轮流倒班——上一个月班，再休一个月。而木拉力别克长年住在站上，平时很少回到位于喀拉玛盖乡的家——那里距站上有 200 多千米。木拉力别克的三个孩子从出生以来，都是伴着野马一起成长的。他的两个儿子在上幼儿园，夫妻俩无暇照顾，平时便托付给他们的父母看管。寒暑假时，两个儿子会来站上，也只有这时全家才能团聚。

管理站平时的伙食以馕和奶茶为主，偶尔有羊肉。因为距最近的乡镇有 200 多千米，所以站上新鲜蔬菜种类比较少，主要是萝卜、白菜等耐储存的菜。但对于木拉力别克和妻子而言，最不适应的并不是在荒野的艰苦生活和恶劣的自然环境，而是对两个儿子的思念和牵挂。两个孩子刚去上学的时候，这种牵肠挂肚常常让他们寝食难安。管理站的手机信号时有时无，跟外界的通讯联络经常成问题，木拉力别克夫妻最希望的是能跟儿子们经常视频聊聊天。

一字一句均关马

野马纪实散文集《野马：重返卡拉麦里——戈壁女孩手记》是我的第一本书，出版已经十余年了。这本书的出版给我的人生带来了许多惊喜和转机，也使野马引起了更多人的关注，迈向了更广阔的天地。

作为野马中心唯一一名女技术员，在写这本书时，我已在野马中心工作了 8 年之久。野马中心位于十分荒凉的大漠戈壁，远离都市的繁华和喧嚣，陪伴人们的是酷暑严冬、肆虐的狂风，以及无边无际的寂寞。这个曾经几乎与世隔绝的世界，似乎只属于男人、只属于强者。在这个技术落后、大学生不愿来的世界里，我——一个天性活泼不羁的女孩子，居然会来到这里，并且度过了那样漫长的青春岁月，有谁会相信？现在回想起来，我自己都为自己不懈的坚持感到吃惊。

当我捧着刚出版的散发着油墨香气的书时，看着这个用青春、

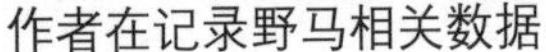

作者在记录野马相关数据

作者在野外进行野马拍摄

汗水和泪水浇灌出来的凝聚着无数爱心的沉甸甸的果实时，我不禁潸然泪下，曾经积压在心头的委屈和不甘也化作了深深的感激……

我为什么会写这本书呢？许多人都这么问我。其实在出书前，我已写了 8 年的日记，不过写日记仅仅是为了抒发自己的感情，是自己写给自己的心灵故事。在野马中心，有许多孤独和委屈无处诉说，所以我养成了写日记的习惯，写我每天的所见、所闻、所思，写养马人的寂寞，写野马家族的悲欢离合。观察和记录野马的故事，成了我孤寂时光最大的快乐，是我荒野生活必不可少的部分。

初到野马中心，我发现一切并没有想象中的那么美好，自己就像一个迷途的孩子突然掉入了万丈深渊，在绝望之中拼命地哭泣挣扎。恰如被困在围栏里的野马，曾经是卡拉麦里荒原的佼佼者，飒爽的英姿如箭般在大漠穿梭，如今却被囚禁在围栏里，空有自由奔放的心灵、傲啸西风的勇气，只能在梦里驰骋旷野。

同样的挫折与失落感让我对野马有了“同是天涯沦落人，相逢何必曾相识”的感觉，我与野马都有着对自由的渴望。所以一开始，我就没有把野马当作一种普通的动物，我把它们当作极富灵性、有着丰富情感的生灵，与它们进行心与心的交流。每当我无力承受孤独和痛苦时，我总会去看看野马。当野马友好地奔向我、亲昵地啃咬我的衣襟时，我总能得到莫大的安慰。我觉得虽然它们不言不语，但仿佛能够看透我的内心，让我感受到它们对我的理解和关爱。而且，每当野马病亡时，不论是否在野马身边，我都会有一种撕心裂肺的痛苦，这或许是一种心灵感应吧？所以多年来，我痛苦着野马沉重的痛苦，快乐着它们有限的快乐。野马血腥的争斗、动人的爱情、揪心的别离、伟大的母爱等我都铭记在心，并写入了我的日记。

由于资金投入不足，随着野马种群的不断壮大，野马事业陷入了困境。野马中心出生的第一匹野马红花死亡后，因为媒体宣传引起了全社会的广泛关注，这加速了野马野放的进程。2001 年 8 月，

第一批 27 匹野马终于奔向了阔别百年的大自然的怀抱，野马事业出现了新的转机。这使我发现了宣传对野马事业的重要性，因此有了写关于野马的书的打算。我想通过写书让更多的人了解和关注野马，扩大野马的社会影响，让社会各界都来支持这项公益性事业。

我花费了一年多的时间整理我的日记。在这个过程中，我有幸遇上了来野马中心采访的《丝路游》杂志社社长段女士。她正在做此杂志的准噶尔卷，需要采编野马的文章，因为野马自古就是丝绸之路上新疆准噶尔盆地的一大珍宝。后来经过段女士的推荐，我把书稿拿到了出版社。经过近一年的反复修改和补充后，书稿终于基本定稿了。

此书 2005 年出版时，我在野马中心已待了 10 年，10 年里我还从未出过新疆呢！这本书的出版引起了中央电视台、湖南卫视、凤凰卫视、新华社、《人民日报》《南方周末》等上百家媒体的关注和报道，一些影视剧作家也纷至沓来，野马被搬上了影视屏幕，走进了千家万户。这本书还使我有机会去北京、广州、深圳、长沙、南京等地去宣传野马，让我有机会见到认养野马的成龙大哥，让我有了更加开阔的视野，让我对野马及野马事业有了更深的热爱。最重要的是，这本书为野马事业的发展起到了推动作用，更多的人开始了解、关注野马，许多人看了书后纷纷认养野马，为野马事业献爱心。

没想到这本书后来有了繁体字版、英文版，还改编成少儿版，并获得了共青团精神文明建设“五个一工程”奖和梁希林业图书期刊奖，进行了再版和多次印刷，这些对我都是莫大的鼓舞。

第一本书的出版使我的写作水平有了较大提高，我萌生了成为一名野马作家的理想。我想继续努力写出更好的作品，把在野马中心的生活积累都呈现给大家，让这些文字成为打开野马围栏之门的钥匙，把野马保护者及野马内心的声音，把人与动物和谐共存的声音，传遍世界的每一个角落。

作者在图书签售活动上

《野马：重返卡拉麦里——戈壁女孩手记》出版后，我大部分时间在乌鲁木齐办事处工作，去野马基地的机会越来越少。这样一来，我就很难通过亲身观察和体验，写出野马和一线保护者的故事，这让总以为在野马身边才能写野马故事的我甚感遗憾。在喧嚣而拥挤的都市中，我对野马、对戈壁大漠的怀念与日俱增，如浪潮般堵在胸口，快要让我窒息。所以，我想到了诗，或许写诗是疏通自己心灵渠道的最佳方式吧？

没想到，我的诗在国家林业局举办的第二届美丽中国征文中获得了一等奖。2015 年，我的第一本诗集《野性的呼唤——纪念野马重返故乡三十周年》出版了。在大家的帮助下，我的诗集取得了意外的收获，一年多就印刷了三次，同时还获得了新疆维吾尔自治区第五届优秀科普作品金奖。我非常感谢读者们对我这些稚嫩得不能称为诗的作品的支持和厚爱。

30 年前，在国际野马保护机构及我国政府的共同努力下，野马终于回归故土新疆准噶尔盆地。30 年来，野马究竟经历了怎样的坎坷？保护者付出了多少艰辛的汗水？知之者恐怕不多。我觉得自己也如一匹马儿，在尘世间流浪，在物欲横流的社会及命运的打击中迷失了自己。在与野马的相依相守中，我也在寻找着回家的路，寻找着回归本真的路。这些诗同时也是我本人 20 年来曲折的青春心路，我经历了青春的失落、孤寂、彷徨，最终走向了坚定和平静。

虽然经历了无数颠沛流离，通过保护者们多年的呕心沥血，野马终于冲出围栏，踏上了渴望百年的家园，但种种凶险和困难又摆在它们面前：它们能在大雪中找到食物吗？它们能在干旱中找到水源吗？它们能抵御天敌狼的侵袭吗？还有马路横贯、家畜干扰、到处开矿等等，都对它们的生存造成了很大威胁。野马最终能渡过各种难关，成功恢复野性，重建它们的家园，使家族复兴吗？不论结局如何，希望总是美好的，只要不放弃梦想，只要去拼搏、去努力，奋斗的过程本身也是一种收获。

我这些稚嫩的小诗，不仅写了马与人的酸甜苦辣，也写了野马赖以生存的浩瀚戈壁——既有原生态的自然景观，也有保护者为了改善生态环境大力植树造林而创造的荒漠绿洲之景。一字一句均关马，一草一木总是情，通过对马、对人、对自然景物而发的感悟，抒发了我对野马、对大自然的深深热爱与依恋之情，也表达了我对

作者与野马在一起

保护者们艰苦奋斗、无私奉献精神的赞美。

我把这些诗献给野马，献给野马的故乡新疆，献给为野马事业做出贡献的人们，献给关爱野生动物、关爱野马的社会各界，也献给我与野马相守的青春年华。

人间大爱书写野马传奇

自从第一匹野马在人类的枪口下倒下，野马就受伤了。人类无止境的贪欲使野马流离失所，把它们从自由广阔的大自然逼入了狭小的圈舍。野马种群不断衰退，野性渐渐丧失，身体臃肿变形。所以，马儿们病了。这些被囚禁的天使们，这些找不到家的浪子们，在伤心地哭泣着。为了拯救受伤的野马，保护者们千里迢迢把它们接回了家，在准噶尔戈壁荒原，用青春、用生命守护着这些宝贝。我也有幸成了他们中的一员。

在远离人烟的荒原中，我把整个青春都守望成一匹马儿——守望成一匹孤独、沉默、被围栏围困的马儿，守望成一匹见到人群就惊慌失措、不知躲向何方的马儿，守望成一匹找不到家园、把泪水哭干的马儿。我把头埋得很低很低，把心包得很严很实。我曾一遍遍地问天、问地、问自己：从马群到人群，究竟相隔有多远？隔着一重重的山，隔着一重重的水，还是隔着一个星球？忽然有那么一

天，当被一群群关爱野马的人们所簇拥，被他们友善而悲悯的情怀所打动，我如河流一样汇入其中，汇入一片真情的海洋。我顿时恍然大悟：原来从马群到人群，只隔着一颗心的距离。如果心心相印，如果人马合一，从马群到人群，哪里还会有距离？

所有的爱恨情愁，所有的聚散离合，均是因马而起。对野马的共同爱心，让五湖四海的我们走到了一起。有的人为野马日夜守护，把青春和热血甚至生命全部都奉献了出来；有的人为处于困境中的野马捐款捐物，把一份份爱心献给了它们；有的人为拯救野马，用各种方式宣传、呐喊、呼吁，把野马的心声向全世界传播。

所以，站在我身后，陪伴我左右，住在我心头的已不只是王子、大帅、雪莲花等一匹匹马儿。一份份真情与爱心，如千军万马驾云而来，比天山峻拔，比草原辽阔，比阳光灿烂。每一滴感动的泪水，都点亮了野马的明天。有了这众多的护马使者，马儿还会孤单吗？还会无家可归吗？

愈来愈多关爱野马的各界人士，用他们的爱抒写着火红火红的诗。愈燃愈旺的爱心之火，欲把囚禁马儿的钢铁围栏销毁，把马儿回家路上的荆棘烧成灰烬。待到春风起，定会有一片绿野，从死灰中挺身而出，马儿们也会奔向广阔自由的新天地。

在拯救保护野马的过程中，野马事业曾一度陷入困境。随着野马种群的不断壮大，经费短缺成为制约野马保护和研究的主要问题。为多方筹集资金，唤起社会对普氏野马的关注，拯救这一濒危物种，自 2005 年 5 月起，野马中心多次举办野马认养活动，先后有 160 多匹野马被社会各界认养。联合国亲善大使、著名演员成龙，中央电视台著名节目主持人陈铎，著名画家姚雄等都伸出了爱心之手，认养了野马。成龙认养的 2 匹野马，一匹叫“飞龙”，另一匹叫“黑风”。陈铎认养的 2 匹野马，一匹叫“长江”，另一匹叫“运河”。姚雄认养的野马取名为“姚旋风”。认养野马最多的是野马集团董事长陈志峰，他一次认养了 38 匹，还帮自己只有 11 个月大的儿子认养了一

匹小马驹。湖南卫视《背后的故事》栏目组认养了一匹野马，这是唯一一家认养野马的媒体，野马取名为“故事”。新疆青少年出版社也认养了 3 匹野马。最成功的一次认养活动，是野生动物保护协会在广州举办的新疆野生动物推荐会上，有 55 匹野马被认养。

大中小学生也纷纷认养野马。2008 年 8 月 1 日，在新疆维吾尔自治区科学技术协会的组织下，新疆百余名青少年在野马中心开展普氏野马认养活动，他们认养了第 23 号普氏野马，并为它起名叫“新新”。“新新”是第 23 届全国青少年科技创新大赛吉祥物的原型。新疆是这次大赛的主办地，把“保护野生动物，建设和谐家园”宣传教育活动作为此次大赛“科学与梦想”系列主题活动的重要内容之一。乌鲁木齐市高级中学老师李树华和她的科技创新大赛参赛项目小组认养了野马皇后一年。吉木萨尔县二中的师生连续 7 年认养野马，先后有 20 多匹野马被学生认养。

随着保护野生动物的意识不断提高，全社会对野生动物保护事业支持力度在扩大，社会认养积极性高涨。野马认养活动的开展，不仅缓解了经费危机，同时也提高了野马的知名度和人们对野马的关爱度。

2015 年，我的诗集《野性的呼唤——纪念野马重返故乡三十周年》出版后，新疆朗诵艺术协会先后举办了两场朗诵专场。《野马》电影剧组在北京的知音堂也举行了《野马》电影音乐朗诵会。著名朗诵艺术家们为野马保护宣传进行了义演，以野马诗歌朗诵会的形式纪念和庆祝野马回归故土，用生态文化的形式向社会宣传野马的

作者与野马在一起

传奇经历，以唤起人们对野马更深的关爱。

艺术家们用他们的爱心倾情演绎野马的故事，艺术地再现了野马的多舛命运及保护者的艰辛，观众们全神贯注地看着艺术家们震撼人心的表演，深受感动。没有想到，在野马诗歌朗诵会现场，一次次哭红了眼睛的，不仅仅是繁华都市中那如百合般的女士们，还有许多堂堂男儿。野马多难的命运、百年流离的辛酸、万马奔腾的壮阔、保护者们的寂寞、戈壁大漠的荒凉，都以最本真的面貌从朗诵者的口中飞跃而出。我想，如果此刻野马们也听得见，它们响亮的嘶鸣和擂击大地的蹄声，一定会像观众的掌声一样直冲云霄。

最野“野马宝贝”

儿子第一次见到野马时，还未满 3 岁。

当时，我带新疆朗诵艺术协会及萤火虫公益团队的朋友们去看野马。我们首先进入了 8 号场光棍营，公马们见人来了，先是驻足观望，等人走近，都远远地小跑起来。

当我们离公马们更近时，儿子用稚嫩的声音对着野马群喊起来:“野马，我来了！”他看上去一点儿也没有恐惧，就像见到小猫、小狗一样亲密，仿佛与动物们有着天生的亲近感。他高兴地撒着欢去追野马群，像追着蝴蝶，追着浪花。公马们见状都奔跑起来，身后扬起滚滚尘土。我赶紧把儿子追回来，因为公马群的马平时不怎么跟人亲近，警惕性较高，不容易近距离接触。

为了让儿子能零距离接触野马，我带他去了 1 号场，去看那几匹比较乖巧的母马。儿子一进去，马儿们纷纷前来欢迎，友好地瞅着我的小宝贝，或许把他当成小驹儿了。一匹母马走到儿子跟前，亲昵地伸着鼻子去闻儿子的衣服。儿子也伸出小手，去摸马儿的脖子。他一会儿摸摸马头马脸，一会儿摸摸马的鬃毛，一会儿好奇地瞅瞅野马的黑眼睛。马儿低着头，亲亲他橘黄色的小羽绒服，啃啃他的小兔头鞋子，还会把嘴凑到他的小脸蛋、小手上去亲。儿子走到马屁股跟前，还想拍拍马屁，这可吓坏了我。马屁能拍吗？小心马踢！

儿子一会儿又说要骑马，我说野马能骑吗？他哭着非要骑上马背，我就抱起他，作势欲把他往马背上放，他才停止了哭闹，眼角挂着泪笑了起来。马背有些高，我抱不上去，就把他放了下来。只

儿子在给野马喂饲草

见他对着野马，张开双臂，想要把马儿抱到怀里，或许是想和马儿一起去飞吧？

初见野马的朋友们在我的带领下，一个个小心翼翼地向野马靠近，生怕被野马踢着或者咬着。见到儿子跟野马如此亲近，都说："这小家伙胆子真大，跟匹小野马一样。"我给了儿子一把饲草。"野马，饿了吧？快来吃草。"儿子一边说，一边伸手递到一匹母马跟前。母马衔上一大口，低下头津津有味地嚼起来，连掉在地上的草渣都不放过，儿子在旁边一动不动地看着。

一会儿，他又想去找相邻 2 号场的野马们玩。没等我走到他跟前，他就像风一样，翻上了铁栏杆，我赶紧抱住他，不让他过去。2 号场的马儿们又簇拥而来，儿子倚在铁栏杆上，把头和手伸过去，隔着栏杆去摸马儿。马儿看小家伙个头小，竞相低着头亲起儿子的衣服和小手来。儿子开心地笑着，和马儿说起话来："野马，你们太可爱了，我好喜欢你们。"这时，阳光像是一个调皮的小宝宝，也来凑热闹，跳到儿子的小脸上，跨上马背，在马鬃、马背上跳啊跳。蔚蓝的天空中飘着白云朵朵，它们低头看着儿子与马儿玩耍的场景，似乎在瞪着好奇的眼睛问："这是谁家的野小子呀？简直比野马还野！"

儿子与野马一见如故，如一匹小驹儿回到了马群中，这哪里是什么初相遇呢？一定是几百年前的老相识！这样和谐、快乐、暖意融融的画面，也一下让我想起无数个美好的清晨或是迷人的黄昏，小驹儿们在场地上欢快地奔跑、玩耍。就算时光易逝，青春易老，见到小驹儿，看到它们天真无邪的大眼睛，就能看到一个个彩色的童年在荒野里飞，仿佛一切都会回来，何需去找寻？青春一直在此驻足，在小驹儿清脆的嘶鸣声里，在彩虹一样的霞光里，在小驹儿不羁的身影里。

再次见到野马时，儿子已经 7 岁了。

我一直想带儿子去卡拉麦里保护区看看自由生活在野外的野马。2019 年立秋这天，爱人带着儿子来到野马中心，这个心愿终于可以实现了。

我们开动越野车，怀着无比激动的心情出发去找野马。没几分钟，我们就发现一个野马群，是去年放归的野马群。

第一次就这么顺利地找到野马，我带着儿子赶紧下车，向正在低头采食的野马群慢慢走去。儿子走在最前面，这是他初次见到野放野马。跟他 2015 年在野马中心初见野马时一样，他像是见到自己熟悉的好朋友一样，一点儿也不害怕，径直向它们奔去，如一匹小马驹奔向妈妈一般。他瘦小的身影出现在卡拉麦里这片广阔无边的大地上，出现在戈壁精灵野马身边，真是一道难得一见的风景。我赶紧拿出手机，记录下了这珍贵的瞬间。

跟野马一起长大的男孩就是得勇敢，得心胸开阔。希望我已经把勇敢、豁达和爱种在孩子心里，因为这是给孩子最好的礼物。

跟野马一起长大的男孩

一对“白雪公主”

2016年6月10日，在新疆卡拉麦里山有蹄类野生动物自然保护区，世界上唯一有记录的普氏野马双胞胎喜迎满月。双胞胎小马驹均为雌性，一匹叫路路，另一匹叫冉冉。两匹小马驹毛色较白，

世界上首例有记录的野马双胞胎

双胞胎所在的野马家族群

像一对漂亮可爱的白雪公主。自 1985 年引回故乡新疆、1987 年组建繁殖群、1988 年 3 月 8 日第一匹马驹诞生以来，新疆的野马已繁育了数百匹小马驹，不过产双驹这可是头一回。野马是单胎动物，一般一胎产一驹，产下双胎实属罕见。

我一直盼望着有机会亲眼见见这对双胞胎姐妹，但来卡拉麦里保护区乔木西拜野放野马监测站两次都未见到双胞胎的身影，我深感遗憾。2018 年 10 月 10 日，我终于又盼到了在卡拉麦里保护区乔木西拜野放野马监测站多待几天的机会。巡护员艾代说，最近双胞胎的家族群不好找，已有一周没有发现它们的踪迹了。据说，平时双胞胎所在的野马群跑得较远，约 20 多千米开外。来到乔木西拜已有四天了，我跟随巡护员每天巡护野马，四处寻找双胞胎，还是没有找到它们的踪影。

来到乔木西拜的第五天，艳阳高照，晴空万里，天气比前两天更热了，我们终于在一个水源地找到了双胞胎所在的野马群，真是不虚此行。

我迫不及待地想走近看看双胞胎。一见到我们，野马群就警觉起来，分别朝三个方向夺路而逃。还没来得及看清双胞胎，我就以最快的速度拿起相机对着野马群拍起来。拍了几张后，见双胞胎走远了，我赶紧走下车，紧随其后，步行去追它们。

长大的双胞胎跟它们的妈妈（中）真像

大约跑了一两百米，野马群就放慢了速度。在群体最后面的头马总是警惕地回头望我，它高大健壮，毛色较深，因在水源地喝水下到了水坑里，浑身还湿着，沾了一身泥。有时它会跑去驱赶跟在群体左后方的公马群，然后折回来跟上自己的家庭队伍，接着去赶右侧两匹有些掉队的野马。我一直跟在野马群后面，希望双胞胎能停下来，我好靠近些拍摄。野马们偶尔会停下来吃草，向前行进时，它们总是排成一条纵队，采食时就分散开来。我稍靠近几步，它们就又接着往前走，就这样一直走走停停，我跟了约一个小时。也许它们是把我背的相机当成了长枪大炮，怕会受到伤害而保持高度警惕吧。头马担负着为家族群保驾护航的责任，总是走在群体最后面，时而打个响鼻，提醒家族成员注意“敌情”。

一路上，我紧紧盯着双胞胎。远远望去，这对双胞胎长得很像，其中一匹个头稍大，颈部和背部毛色偏金黄，腹部发白。它们在一起吃草时，远远望去根本分不清谁是谁。它们一会儿分开，一会儿走在一起，有时双双走到妈妈身边。这对野马双胞胎再过一年半载就该谈婚论嫁了。

在乔木西拜野放野马监测站，还有另一对哈萨克族龙凤胎。他们是巡护员叶力江和炊事员古丽森的孩子，从小就跟随父母一起陪伴野马，常跟着爸爸妈妈一起给野马喂水、喂草。在野地里摸爬滚打、嬉戏玩耍的他们，从小就成了放归野外的大自然的孩子。

野马双胞胎小姐妹在大自然的风雨中茁壮成长，野外野马种群繁衍复壮，这些都离不开野马守护者们拖家带口、全家总动员式的

野马双胞胎掠影

精心管护，离不开他们长年累月在戈壁荒野的默默坚守。祝福他们与野马双胞胎都有一个更加美好的未来。

野马的爱情

4 月，南回的燕子在野马中心的马舍里筑起巢来，布谷鸟也开始“布谷布谷”地鸣唱，空气里充满了新鲜青草的浓郁气息，戈壁和荒漠焕发出一派勃勃生机。

这是一个恋爱的季节，野马的野性与柔情得以充分展示。由于维修地下水管道，单身公马群被转移到了一处新的场地。半个月后，单身母马群也因同样的缘故，被转移到了与公马群一栏之隔的场地。母马群的到来，点燃了公马群的“战火”。虽然胜者并不能真正拥有“美马”，只能与其隔栏相望，但就是为了争夺这看一眼的权利，公马们即使打得头破血流也在所不惜。

普氏野马 3 岁左右性成熟，寿命约为 30 岁。野马群一般由 5 到 20 匹野马组成，其中最强壮的会成为头领。实力强的公马可以稳坐头领宝座好几年，实力不强的可能在一年半载内就被别的公马取代。野马中心的这群单身公马共有 17 匹，时年 7 岁，正值青春

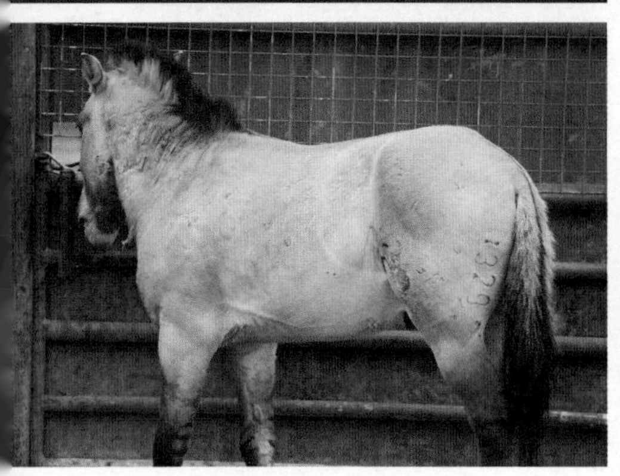

被围墙阻隔的野马“爱情”

年华。两位前任头领放归野外后，公马群通过激烈而公平的竞争，产生了两位新头领：准噶尔 334 号和准噶尔 319 号。

此时，两位新头领的地位受到了严重威胁，众公马向它们发起了一次次挑战。其中，与它们年龄相当、同样高大威武的准噶尔 338 号和准噶尔 329 号与大头领准噶尔 334 号战得最凶。你看它们，仿佛仇敌相见，分外眼红，时而你咬我一口，我踹你一蹄，时而首尾相接，在场地里打转，嘴里还发出粗重的恐吓和示威声。野马有很多不同的叫声：争斗开始时会发出尖锐而单一的吼叫，失群时会发出洪亮且高亢的呼唤，感到满足时会发出轻微的喉音，产生反感时会发出尖细的声音。更多的时候，野马会打响鼻，打响鼻表达的情感也十分复杂：大多数时候是为了恐吓对方，有时也可能是鼻腔内有异物、蚊蝇干扰、异味刺激或感冒患病等因素引起的。

打斗最激烈时，两匹马会忽地立起，四蹄悬空对擂。场地上飞沙走石，尘土满天。它们顾不上伤痛和疲惫，因为一匹公马能否实现自己的"马生价值"，马上就要见分晓。最终，准噶尔 329 号战胜了准噶尔 334 号，其他公马也伺机向准噶尔 334 号发起进攻。

为了熄灭战火，防止受伤的野马伤势加重或死亡，工作人员赶紧对伤马进行了隔离救治。公马们被分开后，战火才得以平息。

前蹄悬空对擂的野马

大头领“住院”后，二头领准噶尔 319 号和它的 4 个部下（准噶尔 299 号、321 号、331 号和 348 号）被隔离到与 3000 亩半散放大围栏相邻的一个大场地内。这个模拟野外生存环境的 3000 亩大围栏里有各种天然饲草、草料库和人工水源，圈养野马在放归前，都要在大围栏内进行半散放训练，以提高生存适应性。

准噶尔 319 号非常霸道，它把部下们赶到场地东侧的一个角落里，不让它们踏出半步，自己则独占剩下的场地。一旦发现部下有逾越之举，哪怕只是意图，它都会冲过去追咬、驱赶。而当准噶尔 319 号趾高气扬地去部下们所在的狭小区域视察时，部下们都要恭恭敬敬地给它让路。当它想在部下们的投草地吃草或饮水点喝水

准噶尔319号和被赶到角落的部下们

在打斗中获胜的野马

在打斗中失利的野马

时，部下们必须乖乖地站到一边去，不然就会得到一顿口咬蹄击。这位头领似乎要把自己情场失意的怒气都撒在部下身上，部下们就差“跪地喊大哥”了。

准噶尔 319 号总是一副雄赳赳气昂昂、不可冒犯的样子。相邻场地的准噶尔 340 号、322 号和 337 号靠近准噶尔 319 号所在场地的栏杆时，准噶尔 319 号总会冲过去驱赶。它们还会隔栏争斗，沿着栏杆来回跑，互相追咬，还不时扬起尾巴在栏杆边排下一堆热气腾腾的粪球，以此划定自己的领地，警告对方不得侵犯。

后来，准噶尔 340 号因为欺负准噶尔 322 号欺负得太狠了，经常不让 322 号吃草、喝水，还不时驱赶它、踢它、咬它，准噶尔 340 号就被隔离到了另一个小场地。由此可见，普氏野马群里有着森严的等级制度，等级高的公马掌握着最好的资源：母马、场地、食物和水源。

不仅是圈养的野马在繁殖期会为争夺配偶而激战，在野外自然状态下，没有了人为干预，野马的“争妻战”只会更加激烈和残酷。

胜者可以夺得全部母马，败者只能加入单身公马群或独自流浪，待养好伤，时机成熟后伺机再战。如果几匹公马打成平手，就会各自占有一部分母马，然后分道扬镳。

2018 年放归野外的单身公马群前头领准噶尔 223 号被在野外出生的新生代公马打败了，不仅自己多处受伤，几位妻子也全部被抢走。之后，准噶尔 223 号加入了单身公马群，开始了流浪生活。2018 年冬季，准噶尔 223 号回到了野放站的野外暂养大围栏里，经过一个冬天的休养，它在春季跟着其他野马一起开始了真正的野外生涯。

期盼有朝一日，普氏野马能真正自由，无拘无束地在辽阔的卡拉麦里大地上繁衍生息，尽情驰骋。

野放野马寻踪记：
面朝漠海　春暖花开

2021 年是野马重返故乡 35 周年暨野放 20 周年，我终于在 6 月 5 日踏上了去乔木西拜野放野马监测站的路。在春暖花开时去看放归的野马，这个心愿终于可以实现了！

心情就这样放飞，如一只快乐的鸟儿，飞上了蓝蓝的天空。天上的白云集体出动，蜂拥而来，仿佛在为老朋友的到来举行一场热烈的欢迎仪式。一路上，我都被朵朵白云牵着魂。看着看着，这些云朵仿佛成了一群群白马，在空中或悠然漫步，或自由奔驰。从国道 216 线拐进保护区时，这些姿态各异、变化万千的云向着地面越压越低，与连绵的丘陵越来越近，仿佛要从天上走下来，嗅一嗅野花和青草的气息。天地浑然一体，苍茫辽阔，洁白的云朵把人带入了一片纯净的空灵之境。穿梭于云山云海之间，徜徉于天上的无垠棉田间，我的内心渐渐变得空远柔软起来。

到站上时，已经十二点半了，我一下车就跟同伴直奔野马群。

踏花归去马蹄香

听说，今天的风力有七八级，怪不得四处飞沙走石，天地昏黄一片。茫茫大漠戈壁，我们的越野车就如海上逆风而行的一叶扁舟，摇晃着艰难前行，我目不转睛地向车窗外搜寻着野马的影子。

一路上长有绿草的地方并不多，半个月前成片成片盛开的小黄花现在已经基本枯萎了。“踏花归去马蹄香”，我曾无数次幻想野马群在花海间采食、嬉戏、奔腾的画面，渴望能拍到这样的场景，如今又落空了。一个多月前，春天的雪融水让荒野中的草返青，但由于没有雨水光顾，这些盎然春色已开始渐渐退场。期待一场雨，一场大雨，让卡拉麦里荒原焕发勃勃生机，让野马、野驴等野生动物，这些卡拉麦里的子民，不再像去年大旱时那样陷入缺吃少喝的生存危机。

天上的云，仿佛听到了我的呼唤，开始集结队伍，越聚越多，从朵朵白色渐渐变成大片的灰色。风越刮越大，似乎也在为一场雨的到来加油助力。

寻觅了许久，在一片平滩上，我们见到了一个有 13 匹野马的较大群体，其中居然有 3 匹小马驹，能见到这么多马驹真让人开心。放归野马五月份进入产驹季节，现在已进入产驹高峰期，所以最近比较容易看到新生幼驹。

我们迎着大风，向马群靠过去。不知是因为有了马驹使野马的保护意识增强了许多，还是因为狂风的影响，这个大群见车靠近远远地就跑动起来，逆风而行，尾鬃飘飘。沙尘遮天蔽日，近些的山丘变得若隐若现，远处的山丘早已消失不见。我们摇下车窗拍摄，呼啦啦响的狂风卷着沙尘随即吹进车里，为了拍出清晰的画面，我尽力端稳相机。野马群脖子上端的鬃摆动得更厉害了，伴着身后扬起的阵阵沙尘，它们向远处大如天幕一般的沙尘暴里冲去，就像冬季走进暴风雪中一样。出生不久的小马驹，一个个活蹦乱跳，紧跟在妈妈身后，对沙尘暴似乎毫无畏惧，当野马群放慢速度或停下来时，小马驹不时还会钻到妈妈肚子底下找奶喝。那匹毛色较深、体格健硕的头马总是在群体的后面密切注视着我们的一举一动，有时会高高扬起尾巴，排堆粪划定界线，警告我们不要越界。带马驹的母马也在时刻注意我们对它的孩子是否有威胁。

马儿们时而隐没在山坳中，时而又露出半个或整个身子来，看上去都很精神。不时有几匹野马互相追逐嬉戏，它们跑起来的时候是那么俊逸洒脱、自由奔放，如一阵风汇入了更大的风中恣意撒欢，与天地完全融为一体。天苍苍，野茫茫，呼呼的风送来阵阵马儿的欢快嘶鸣。前方完全成了风和沙尘的世界，还有跟风一起疯、一起野的马儿的世界。

这些云和风一天的努力总算没有白费，晚饭后，一场雨终于落了下来。这是今年卡拉麦里的第一场雨，贵如油的雨，一场让即将干枯的荒原重焕春颜的雨。

大大的雨点噼噼啪啪地打在监测站的水泥地面上，打在欢快舞动着的沙枣树上。芬芳浓郁的沙枣花小小的黄色杯盏和树叶上，立刻聚集了很多亮晶晶如钻石一样的雨滴。两个巡护员兴奋地从房间里跑了出来，开着皮卡车把几只黑白花奶牛赶回了圈里。“下雨了，终于下雨了！”监测站站长布兰别提有多高兴了，他边说边像个孩子似的冲到牛圈的草棚上，用铁叉叉起苜蓿草捆给牛撒了下去。此刻，那些马儿、那些野生动物们也一定很开心吧？

第二天早晨，天气彻底放晴，风也小多了。下午，我坐着给水源地拉水补水的大水车，跟高师傅去了水源地。高师傅说，从 5 月份以来就开始往各个水源地加水，每天至少拉 4 车 64 立方水。卡拉麦里保护区内有天然的和人工开挖的水源地共约 60 处，高师傅和其他巡护员每天开着水车在高低起伏的路上来回颠簸，拉一趟需要两三个小时。2020 年卡拉麦里遭遇几十年不遇的旱情时，他们从 3 月份就开始用两辆水车给野生动物补水，补水量达 6500 吨。

我们在 33 号水源地刚补完水，就有 5 匹野马来喝水了。它们在水坑边左转转右转转，就是不敢走入坑中，若是平时无人时，它们一定会迫不及待地走入水中一口气喝个痛快。其中一匹母马终于耐不住性子，第一个从坡上试探着迈入坑边，身子前倾，低下头喝起来，每喝几口就朝我瞅瞅。我发现这些野马比圈养的野马瘦多了，腹部两侧肋骨清晰可见。

还未等其他野马下去喝水，坡上又出现了一大群带有今年新生马驹的野马的身影，大公马头领走在最前面。它们直接走入水中，水花四溅，哗哗的水声就像是水的笑声，和野马快意无比的心声交织在一起，在静寂的荒野中荡漾开来。

水较深处刚好没过马的四肢，它们的肚皮紧贴水面，脖子向前平伸，专注而又无限深情地将嘴放进水里，痛饮起来。一匹可爱的新生小马驹站在边缘水较浅处，不时把嘴伸进水里品味一下，看有没有妈妈的奶水好喝。这个后来的群共有 9 匹野马，看上去膘情比那个 5 匹的小群要好得多，特别是两个肚子滚圆不久就要当妈妈的母马，身体丰满，毛色光亮，看上去很健硕。

两个群的头领为争水在水边对打起来，蹄子在水中刨起一片水花。它们一会儿头对着头，嘴里发出低沉的吼声，一会儿头对着对方的大腿部，扭成一团，一会儿尾部相对，用屁股互相顶对方，或用两后蹄互踢，转而前身忽地立起又落下。战火平息后，野马们很快走入水中接着喝起水来。两个头领分别守在自己家族的边界，世界一下子变得平静如水。不一会儿，两匹喝饱了水的头马蹄子可能有些痒痒了，又比画起拳脚较量了一阵，正专心喝水的其他野马哗地从水边散开，乱作一团。

喝饱了后，两个群体齐刷刷上岸，把水搅得浑浊一片，两个家族分道扬镳，朝着来时的路走去，身后扬起一阵尘土。我目不转睛地看着它们走远，直到一条条甩动着的马尾消失在坡后。

6 月 7 日又是晴好天气，气温持续回升，从第一天的冷风飕飕、第二天的清凉舒适变成了暖意融融、微风习习。

早饭后，我们又来到了离牧办最近的水源地。这个水源地在四周都是高坡的一个大沟里，一片鲜绿的草色和怒放的野花让我眼前一亮。从人工开挖的一眼井里流出的水在坑洼处形成或大或小的积水，水边长满了茂密的高高低低的水草，几只野鸭子在较大的那片水坑里游弋，各种鸟儿在水边飞起落下。

“打水仗”的野马

天空依旧很蓝，像被水洗过似的，此时的云婀娜多姿，不像是两天前那种团团簇簇的大朵棉花云，更像是天女的裙袂被风吹起，飘成了凤凰的尾羽状，又仿佛是连绵山丘伸出的手臂，正深情地拥抱着蓝天。这些情意绵绵的云彩，还潜入清可见底的水里，与水中的花草与山影手拉着手，交耳私语。蜜蜂在一片片烂漫的白色野花间飞舞，清脆的鸟鸣如美妙无比的音乐一样直抵灵魂深处，让人顿觉心旷神怡。

这片深藏于荒野中的湖光山色，足以弥补我这两天看到的卡拉麦里荒原大部分地方草色开始发黄、野花已枯萎的遗憾。

我蹲在一小摊积水旁，将手机贴近水面，这时一段小溪和一小摊不起眼的水，立刻被我魔术师般的手机变幻成了开阔的江河湖泊。水天一色，横亘于其间的那片山坡就像是一片岛屿，一片世外桃源，美不可言，让人流连忘返。看着这风光秀丽的山水图，或许会以为这是哪里的风景名胜，哪里像荒野呢?

我走到更高的地方，望着这片生机盎然的春色。这块水源看起来就像一个明晃晃的琵琶，被荒野抱于怀中，轻揉慢捻着明媚的阳光之弦，爱的音符从柔情的碧波中涓涓流出，一直流到天上的云海和地上的漠海相会处。而我此时，正面朝漠海，春暖花开。倘若能站得再高些，再高些，若是能站在云端俯瞰，这汪清泉就会像爱人渐行渐远的背影，越来越小，直到最后化作卡拉麦里的一滴眼泪，挂在野马的眼角。

下午 4 点，我坐上同伴的车，沿着一条蜿蜒在连绵山丘间的柏油路来到了五彩城。

为了避免人为活动对野生动物的影响，还野生动物一个宁静的家园，根据《新疆维吾尔自治区卡拉麦里山有蹄类野生动物自然保护区管理条例》，保护区内禁止放牧，核心区和缓冲区内禁止人类活动。所以五彩城这个昔日游客如织的旅游胜地已经封闭，美丽的“城池”如今变成了一座“空城”，独留那些修好的水泥台阶和小亭子，空落寂寥，只有旷野的风在此日夜徜徉歌唱。

为了野生动物跑得欢，新疆油田的 284 口油井也已关闭。保护区内各种经济开发活动都停了，人为活动少了，野生动物的家族便日益兴旺起来。保护区生态保护和修复成效日益显现，环境质量持续提升，野生动植物种群数量持续增加，卡拉麦里又迎来了春天。野马放归 20 年，从最初的 27 匹发展到现在的 270 余匹，种群数量翻了 10 倍。蒙古野驴已超过 3000 头，鹅喉羚数量恢复到近万只。卡拉麦里山有蹄类野生动物自然保护区成了名副其实的野生动物天堂。

放眼望去，呈现在我面前的是一座座色彩明艳、大小不一的山冈，它们或连绵成一片，或在蓝天下独自禅坐。走进这片大自然的鬼斧神工铸就的梦幻迷离的世界，如同走进了一幅壮丽无比的画卷。美中不足的是，只有一点点稀薄如棉絮的淡云散布在天边，而没有我最希望看到的大朵大朵的白云聚集在神奇瑰丽的城堡上空。

太阳快下山了，我沿着水泥台阶走到了观景台顶。这里的风一下子大了起来，吹得衣服呼啦啦地响，我顿觉凉爽无比。一座夕阳中最美最艳的五彩夺目的城堡一览无余，如同一片片熊熊燃烧的火焰，让人心潮澎湃、叹为观止。

夕阳正在沉入一片黑黢黢的山坡，天边的晚霞正艳，我爬上一个高坡，拍下了夕阳最后一抹告别式的金黄和它周围一片绚丽的云海。三天的美好时光也隐没在其间，此刻正泛起阵阵涟漪。

为什么聚散总是如此匆匆？静悄悄的无边夜色中，星星开始亮起，就像我时刻想念着的人的眼睛，不管见着见不着，总是在远远地注视着我。不知那些野马群及多日不见的宝贝儿子，此刻正在干什么呢？下次再来看回归大自然的野马，若能带儿子一起来就好了。

野放野马寻踪记：夏日大漠里的一支奇兵

就像追着风追着云追着闪电

翻越了一个又一个沙丘

我一下追到了六千万年前

三个泉这群

最野最任性的大漠精灵

野马回家路上的一支奇兵

转眼

已跑上了最高的那座沙梁

隐没于一片梭梭丛中

这时天上成群的云朵

从沙丘后奔涌而来

铺天盖地

宛如成千上万复活的野马

席卷了整个古尔班通古特沙漠

在 2021 年夏季的最后一天，我和同事启程去福海县看望那里野化最成功的野马群。这些野马就跟我们的孩子或兄弟姐妹一样，让人牵肠挂肚，总想知道它们在野外生活得怎么样。同事恩特马克开车，我们从野马中心出发，穿越沙漠公路，行程 300 多千米，傍晚 8 点抵达三个泉野马管理站。哈萨克族巡护员木拉力别克回家带小女儿看病去了，来这里不到一年的另一名哈萨克族巡护员赛尔江已开着摩托车提前在路边等我们。见面后，他上了我们的车，带我们去找野马。

赛尔江告诉我们，自从今年元月这十几匹野马首次进入古尔班通古特南沙漠腹地以来，一直都在沙漠中生存。冬天沙漠中有雪时，它们很少出来，春天雪融尽后，它们才出来找水喝。在沙漠边，有三处雪融水和雨水的积水形成的水源。原来在吉拉沟中的三处天然泉水现在已经干枯，还有一处人工水源地，野马在所有的天然水源地都干涸后才会过去喝。

我们来到沙漠边缘一片平坦宽阔的黄泥滩，发现三处水源中有一处已经干涸了，其他两处还有水。于是，我们就在最大的那个水源地边停下了车。只见两个呈心形的大坑里，泥黄色的水通过中间的一个小沟连为一体，俯瞰犹如两颗相连的心。跟大多数水源地一样，总是会有或多或少的红柳跟卫兵站岗似的立于水边。最惹眼的是水边一种不知名的植物，开着红艳艳的花，火炬一样举向天空，在平静如镜的水面上映出的倒影与云影两两相望。其中一坑水的中央还立着很多已干枯的植物，各种鸟儿鸣叫着在其间飞来飞去。

天无绝马之路，这些野马受到了上天的眷顾，在这样严酷缺水的环境中，总是能找到水喝。三个天然泉水干了，上天又在吉拉沟底的黄泥滩上赐给它们三坑雨雪积水。

沙漠边缘的水源地

2007年德国引进的雄性野马兰多率领5匹母马从桑巴斯陶野放点跑了上百千米来到三个泉，在此为自己建立了新家。今年冬季，这些野马进入沙漠前一直在100多千米长的吉拉沟内活动，活动面积约150平方千米，如今它们还在进一步拓展着领地。历经十几年的生死考验，在摆脱对人的依赖的情况下能够存活到今天，并从最初的6匹繁衍发展到20余匹，如此顽强的生命力不能不让人惊叹。它们犹如一群神兵猛将，让祖辈的雄风在准噶尔大地再次得以展现。

赛尔江说，那个最大的由16匹野马组成的群体，白天进入沙漠中采食，晚上或清晨出来喝水，天晴时一般一天出来喝一回水，阴雨天气两三天喝一回水。如果野马进入沙漠三天没出来，他和木拉力别克就会骑着摩托车去沙漠中找它们。因为周围有狼出没，他们俩平时总是结伴而行。来之前我们就从木拉力别克那里了解到，年初这个大群有17匹野马，但是7月份准噶尔97号死在了沙漠中。准噶尔97号是红花（野马回归故乡后在准噶尔盆地出生的第一匹野马）的最后一个孩子，当时它的尸体上没有发现被狼咬的痕迹，不过看上去瘦骨嶙峋，可能是老死或病死的。

而后我们驱车继续前行，没走多远，发现远处一匹毛色较白的流浪汉公马正在低头吃草。我们没有朝它靠近，所以没有惊扰到它，它朝我们望了望，接着吃起来。

不一会儿，又见四只鹅喉羚从远处的梭梭丛中探出头来朝我们望。我刚把相机准备好，它们已跳跃着跑远，转眼消失了。这真让人感到惊喜无比，我来过这里好几次，还是头一回见到鹅喉羚。

我们的车停在那个长着茂密红柳和芦苇的大沟边，恩特马克和赛尔江站在一个较高的坡上，用望远镜四处搜寻野马的影踪。我用相机拍摄这里苍凉壮美的大漠风光，期待着野马能够尽快出现在视野里。

一直到夕阳快沉入西边的地平线，我们还未见到野马群的踪迹。西边天空的五彩祥云不断变幻着形态，从大朵莲花变成一些小游鱼，又变成一条长长的金飘带，系在了红红的落日颈间。突然，赛尔江激动地说："看，那一大群野马来喝水了。"我们高兴得立即上车，向水源地驶去。这时，天上的云彩又变成了一只巨大的飞舞的凤凰，凤头直指野马群所在的方向。按照这只"火凤凰"的指引，

像火凤凰的云彩

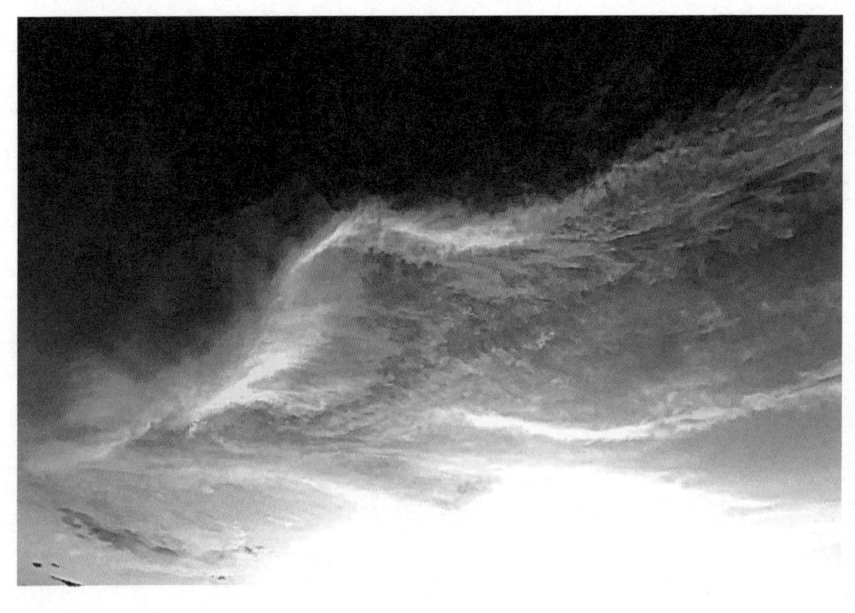

我们到达了水源地。野马群此时已喝完水准备离开，我们在离它们四五百米的地方停下车准备拍摄，遗憾的是暮色降临，光线影响了画面的清晰度。

野马见到我们后小跑了起来，车慢慢在它们的右侧跟进，与它们保持着两三百米的距离。跑了一会儿，野马群停了下来。头领和它的皇后分别站在野马群的左右侧，其他野马聚集在中间，有一匹新生的小马驹还钻到妈妈的肚子底下吃了会儿奶。可当我们下车向它们走近时，它们又跑开了，从我们正前方跑到了路右侧的那片平滩上，排着一列纵队，向着五彩山脉方向奔驰。跑到离我们一千米左右远时，它们慢了下来，渐渐消失在了苍茫夜色中。

第二天早晨快 7 点时，我们带了馕、矿泉水和西瓜，迎着刚刚升起的朝阳驶入荒原，继续搜寻野马的踪影。走了约一个小时，赛尔江在望远镜里发现，大群野马刚喝完水正在朝沙漠方向走着。

“快追！”我说。恩特马克一脚油门，加速前进。车来到沙漠边缘不能再前行时，我们下了车。野马群发现了我们，开始加速向沙坡上跑去，我和赛尔江赶紧去追。我跑一段就对着它们的远影连按几下快门，再接着跑。很快，它们的身影就消失在了一个沙梁后。我和赛尔江跑上沙梁，又发现了这群野马，站在最后的是一匹母马，它带着自己分别出生于去年和今年的两个孩子。它们回头朝我们望了几眼，又跟着队伍向前跑起来。小马驹紧跟在妈妈身后，转眼一个跟着一个消失在了梭梭丛中。由于离得太远，我只拍到了它们的远影，实在可惜。

我以为或许爬上眼前的大高坡，站在高处就可以看到野马了，于是就向着那个沙丘奔过去。我气喘吁吁地快爬到坡顶时，发现那群野马在左手方向离我约两千米的地方，正沿着一条沙漠中车轧出的路在爬坡，有几匹已走下坡背面，有几匹即将到达坡顶。由于离得太远，我用 50 倍变焦的手机也只能拍到它们又小又模糊的身影。等它们的身影完全融入那座高高的沙丘后，我失落地坐在了沙地上。这时我发现，成群的云朵从沙山后头冒了出来，美得让我疑心自己进入了仙境。朵朵白云，如成千上万匹野马，浩浩荡荡，奔涌而来，席卷了古尔班通古特大沙漠。梭梭高举着枝叶，仿佛高耸入云。

歇了一会儿，我接着去追野马。走了约一千米，我忽然担忧起来，只身一人万一遇见狼怎么办？犹豫再三，我还是满心遗憾地返回了。

往下走的时候，我在沙地上看到了很多野马的脚印，大大小小、新的旧的都有，马道上还有野马的粪球堆，看来这是一条它们经常走的马道。这个沙漠中的马道比起在戈壁丘陵上形成的那种羊肠小道似的马道要宽许多。路中间及周围长了很多梭梭、假木贼和一些我叫不上名的荒漠植物。没想到沙漠中的植被会有这么好，怪不得这些野马会往这里面跑。

我边拍边往下走，走下一个沙梁，发现恩特马克正在车边向我招手示意快点过去。原来有3匹公马快到水源地了，我得赶紧下去，不然那些野马喝完水跑远就不好找了。

鞋子里灌了很多沙子，我也顾不上倒出来，就匆匆忙忙上了车。车开到离野马群七八百米远的地方停了下来。3匹野马边往水源地走边不时朝我们望。它们走到水坑边，甩着尾巴，来回转悠

沙漠掠影

了几分钟，发现我们不再走近时才到水坑边喝水。由于被水坑边缘的土坡遮挡，我们看不到水面。为了不惊扰野马，直到它们喝好转身离开时，我们才继续向它们走近，一直等它们的身影消失在一片茂密的梭梭林中。恩特马克发动车，我们接着去追，可是走了一段路，发现前方有个沟，车过不去。赛尔江说，可以按照野马走的方向从另一条路绕过去找。于是恩特马克调转车头，沿着赛尔江所指的另一条有车辙印的道路走。这条路崎岖不平，车一路颠簸着缓慢行进。

路上我们遇见了三四群鹅喉羚，小群有三四只，最大的一群居然有十只，没想到这里会有这么多鹅喉羚。它们总是远远地见到人就飞蹿而去，幸运的是，我总算拍到了三只。另外还拍到一只跟白鹭一样的大鸟在天空中盘旋，在荒漠中能见到这样的鸟真让人感到稀奇。

在一条较平坦的红泥路上走了不远，前面又出现了一个更大的沟，我们不得不把车停下，下来步行找马。可是在炎炎烈日下，我们在一片梭梭林中找了约一个小时，也没见野马的影子，只看到一些新鲜蹄印。枯死的梭梭的根枝随处可见，横七竖八地躺在地面上，奇形怪状，姿态各异，形成苍凉大漠中一道独有的诗意风景线，若是在夕阳下一定更有艺术美感。

我们上车准备返回，走了约十分钟，恩特马克在路右侧的梭梭丛中发现了那 3 匹野马，离我们一两千米远。没有路，车不敢开过去，我只好下车，猫起腰，向它们快速行进。它们一直在朝前走着，当我追到离它们两三百米处时，这些马终于停了下来。它们站在一起休息，体格最大的那匹侧身站在中间，体格较小的两匹站在两边，正面朝着我。对峙片刻，见它们原地不动，我就想走得更近些拍摄，可没走几步，它们又向前方走起来，直到跑出警戒距离外后才放慢了脚步。我不打算再去追了，怕时间长了恩特马克他们着急，于是就朝车的方向走去。

回到站上，见到了从家返回的木拉力别克。他说，今年沙漠中降雨多，而沙漠外雨水少，所以沙漠里草长得比沙漠外面好，这一群野马真聪明，哪里草好往哪里跑。去年 11 月份，这群野马的皇后准噶尔 213 号戴的卫星项圈自动脱落了，至今还未再给它佩戴新

三匹单身公马

项圈，所以它们进入沙漠后就无法进行科学监测了。木拉力别克和赛尔江平时骑摩托车进入沙漠找野马，但是沙漠里有很多地方摩托车只能推着走，所以就算见到野马也很难追上它们。不过根据这些野马的蹄印判断，它们最远会深入沙漠十几千米。这支野马部落在古尔班通古特南沙漠中的神秘踪迹，就像是一个谜，等待着人们去揭开。

野放野马寻踪记：明媚秋日走向卡拉麦里

立秋这天，爱人带着儿子来到野马中心，我们全家总动员，在暮色中向卡拉麦里进军。

到达乔木西拜野放野马监测站时已经很晚了，保护站的值班人员叶尔江、巡护员叶力江和炊事员古丽森夫妇及他们的一对龙凤胎都在。他们卸下了我们带去的西瓜和蔬菜。儿子跟同岁的双胞胎兄妹好奇地围着装在桶中的一只刺猬，不时试探性地去摸一下，又触电般地把手拿开，一会儿又围坐在地上下棋。孩子们开心的笑声响彻寂静的卡拉麦里夜空，满天的星星眨着眼睛，仿佛也想加入他们的行列。

第二天一大早，我就跑向大围栏等待新生的太阳。太阳慢慢爬上了山坡，周围的山坡被金色的霞光渲染得五彩缤纷。远处，昆仑山的影子若隐若现。最激动人心的是，草还是那么绿，花还是那么艳，这是秋季吗？不，眼前分明就是一个绿意盎然、姹紫嫣红的春天！

早饭后，爱人发动越野车，我们怀着无比激动的心情出发了，没几分钟就发现了去年放归的野马群。

一匹毛色较深、样子很威武的野马伫立在远处的山头，警觉地向我们这边张望，这一定就是打败准噶尔 223 号的那匹公马了，这位新头领的身材的确比准噶尔 223 号要魁梧许多。

母马们三三两两在一起低头采食，我的到来对它们影响不是很大。我蹲在十几米开外观察着，怕走得太近，它们会离我而去。这些野马虽不像那些在野外出生或生活很久的野马，远远地见到人就

蓝天下的作者和野马

放归的老马在吃草

飞奔而去，但也不像以往在围栏里那样可以任人抚摸。

我首先认出的是准噶尔 214 号，这位昔日“女光棍营”的老大如今又有了新的丈夫，它的烂嘴基本已看不出残缺了，只是身上肋骨凸显，看上去瘦多了，也许是对野外的食物还不太适应吧？其次认出了最年长的准噶尔 33 号，它已 26 岁高龄了，不过看上去依然那么健硕。曾经与我最亲近的准噶尔 56 号，现在却对我陌生了许多，只顾吃草，不理会我的到来。还有准噶尔 57 号等野马，我都一一认了出来。它们一个个神情自若，与大自然完全融为了一体。

这些老马经过了大半生的圈养，在衰老之年终于走向大自然的怀抱，回到了真正的家园。看到它们在大自然中自由自在的样子，我真为它们高兴，希望它们今后会走得更远，完全摆脱对人类的依赖，在广阔的卡拉麦里恣意驰骋！

不论在凛冽的寒冬还是炎炎夏日，每次走向诗意的卡拉麦里，我总是兴奋得像个孩子。于是，回去后，我又写了下面的诗句：

像个孩子，走向你的怀抱

像个孩子

走向你的怀抱

任凛冽的寒风刺透肌骨

任暴风雪席卷整个世界

像个孩子

走向你的怀抱

任炎炎烈日烤焦我的皮肤

任酷暑蒸煮卡拉麦里大地

像个孩子

走向你的怀抱

走向新生的太阳

走向黎明的曙光

走向童年的梦想

像个孩子

走向你的怀抱

所有的颠沛流离

所有的雨雪风霜

重重的阻力

终究都成了助力

让我走向你

走向你

走向你

没有什么能够阻挡

野马回家

的脚步

看完去年放归的野马群，不到一个小时又见到了三个野马群。在下午返回的途中，我们又与七八十匹野马不期而遇，这真是前所未有的幸运！这些野马仿佛听到一种召唤，排着浩浩荡荡的队伍，齐刷刷地向两眼水源地聚集。如此盛大的欢迎或者说是欢送仪式，真让我们受宠若惊！

水源地在一个狭长的低谷，那里的植被茂盛而青翠，一点儿也找不到秋的影子。低谷四周及尽头青山连绵，形成优美的弧线，有些地方的山呈红色或是黑色。站在高坡上，一幅壮丽的画卷呈现在面前，一直延伸到天边。细细的水流形成了两洼相连的水源地，野马们会不约而同地来这里喝水。

我们在坡后躲藏起来，等着野马走到水坑边时再去拍摄。每次我们一露头，正在喝水的野马就会出现一阵骚动，乱作一团，哗地从水源地奔散。跑几步见我们没有靠近，它们又折回去继续喝水。有的野马会悄悄地从对面的坡后探出头来，向坡下的水源地方向瞅瞅，如果没有发现“敌情”，就会走上坡，再从坡上下来。其他野马紧随其后，向着水源地一拥而上，把嘴伸向水里，争先恐后地喝起来。

如果就一两个小群，因争水喝而发生的战斗会少些，但要是几个群同时过来，争水战就会此起彼伏。野马们为争夺水源打得不亦乐乎，水花四溅，嘶叫声一片。清清的两池泉水，转眼间就变成了泥水。马匹较少时，野马们会安静地站在水边，水中映出它们的倒影。有些渴极了的野马见了水就如嗷嗷待哺的孩子，迫不及待地奔

水源地的战斗

过去，扑通扑通走进水坑，痛痛快快地喝个够。有的马还会在水里打个滚，出来全身都是污泥，全然成了一匹黑马。

这群喝完去休息，那群又奔了过来，夕阳西下，几十匹野马在水源地附近或饮水或站立山头休息，不时会有战争发生。一匹今年新生的小马驹，紧跟在妈妈身后，那萌萌的样子煞是可爱。我惊异于这难得一遇（我甚至夸张地称之为百年不遇、千载难逢）的盛大场景，紧紧追在野马群身后，一会儿用手机，一会儿用相机，不停地按快门，直到把相机卡拍满，把手机、相机的电都用完，还在为没捕捉上一些精彩画面而深感惋惜。

回到野马中心后，我就开始想念卡拉麦里短暂而收获颇丰的一天。真想常去看看那里的野马，但是，也许远远地望着它们，不去打扰它们的生活才是爱它们的最好方式。所以，往后的日子，无论见与不见，我都会写下一些文字，来记录和野马在一起的时光，来表达自己对野马的深深依恋。我想通过这些稚嫩的文字，向世界讲述野马的故事；通过这些稚嫩的文字，抒写野马死而复生的传奇；通过这些稚嫩的文字，和野马一起走向生命的春天！

野放野马寻踪记：寒冬风雪不及野马情

这个冬季

我过于幸运

卡拉麦里

对我太热情了

以长明电相迎

以狂风暴雪相迎

以一大群白马王子相迎

清晨天亮时，我拉开窗帘一看，窗户玻璃上沾了很多雪，再往外一看，外面风雪交加，白茫茫一片，我别提有多高兴了。这正是我所期待的，卡拉麦里的第一场大雪，宣告了荒野之冬真正来临。

我难以抑制激动的心情，立即起床，全副武装，顾不上梳洗就直奔野马群。一出门，积雪已有约一尺厚了，呼啸一夜的狂风还

风雪中抱团取暖的野马群

未消停，裹挟着细密的雪粒，迎面袭来，让人有些睁不开眼，鼻子两侧露出的脸就像有针在扎。我想，野马们可以美美地吃上免费的“雪糕”了。冬季的水源地结了厚厚的冰，野马群也不再去水源地，主要靠吃雪解渴。这样的雪足以代替饮用水，满足野马对水的需求。

走近野马群，首先看到的是躲在草料库避风处新放归的野马，个个满身是雪，简直成了雪马、白马，站在那里眯着眼睛，一动不动，看上去在打瞌睡。听到相机的咔嚓声，它们扭头望望我，而后向不远处走几步又停下来。这些最新放归野外的野马自我保护能力真强，每次下雪时都会站在草库旁，知道找避风处躲避风雪。而那些在野外生存多年的野马就不会来草库房边，只会逆风站立于风雪中。

接着，我又去找大马群，见几十匹野马正在三面是山丘环绕的低谷处背风站立。它们的脸上、背上、四肢上都是雪，尤其尾部较多些，脸上像是扑了粉一样，都成了白面大侠。这些白马王子和白雪公主静静地站立在雪中，如雕塑一样。一定也是怕雪粒进入眼中吧，它们同样也是闭着或眯着眼，看起来在睡觉似的，显得没精打采。

在狂风的作用下，雪被吹到低凹处，山丘的坡底雪深些，坡上雪浅些。我在深浅不一的雪野里追着野马。踩到雪深处，不时会有

在雪野中奔跑的野马群

雪灌进我略高过脚踝的短靴内。尽管戴着厚手套，但手一会儿就不听使唤了，手指发木，有些僵硬，我把手伸进棉衣口袋暖了两分钟，接着再拍。

发现我靠近时，野马们才如梦初醒的样子，一下警觉地在雪野里奔跑起来，蹄后雪沫四溅。这样的壮观美景，真让人叹为观止，仿佛进入了仙境。

我完全沉浸在这大雪纷飞、百马奔腾的盛景当中，当手再次不听使唤时才回过神来，胳膊端着沉重的相机也有些酸痛了，一直就有些酸痛的双腿也更加疲惫无力了。我干脆在雪地上坐下缓缓。我一坐下来，刚刚还在奔跑或者走动的野马就放松了警惕，又安静下来，站立如塑，背着风雪。

尽管冷得要命，我的内心却热血沸腾。稍休息了会儿，我又接着拍摄，一会儿坐雪地里拍，一会儿蹲着拍，一会儿站着拍。

风雪无情人有情，乔木西拜野放野马监测站站长布兰一大早就带领大家全力救护风雪中的野马。布兰告诉我，今年的大雪降温天气比往年来得早，风也比往年刮得猛。为了使野马安然度过暴风雪天气，他带着大家给集中到补饲点的大群野马撒草补饲，迎着风雪将一捆捆苜蓿草投向野马。

风雪之中，他们站在高高的草垛上，用铁叉叉起或是双手抱起一捆捆约 40 千克重的苜蓿草往草车上扔，在车上的人则将草捆摆放整齐，再将草捆码砖似的垒成方方正正的草垛。风雪夹着草渣在他们眼前弥漫，往他们眼里、嘴里钻。他们干得热火朝天，仿佛不知疲惫。

布兰说：“野马真正回归自然，完全摆脱人的依赖需要一个过程。现在野马的数量较少，人工饲养了那么多年，适应自然得有一个过程，如果放开就不管了，万一一场雪灾全军覆没了怎么办？虽然有一些野马，冬天不补饲也可以过冬，但是为了不让它们出什么问题，减少损失，冬天我们还是要给放归的野马投草，特别是雪灾天气。”

巡护员们开着装了高高一车斗苜蓿草的拉草车，一人开车，一

工作人员正在给风雪中的野马补饲草

人站在车斗高高的草垛上，手持一把铁叉，叉上苜蓿草捆往下撒。还有一个人在地上将撒下的草捆绳解开，将塑料草绳拾起集中在一起，以免野马吃了塑料制品危害健康。野马们远远地见到草车，争相向着车的方向跑去，原本迷迷瞪瞪的野马一下子精神抖擞起来。一捆草撒下来，野马们一拥而上，围成一团，抢着吃起来。它们不时会因争食发起战争，你踢我一下，我咬你一口。等草捆越撒越多，野马群随着地上的草捆分散开来，便渐渐平静了下来。

约 11 点半，风渐渐小了，雪也停了，万里碧空没有一丝云。我的相机没电了，得赶紧回去充电，而且自己早餐也没吃，早就感觉饥肠辘辘了。吃过午饭后，我的相机电也充好了，我准备再去拍

野马，20 多年才遇上的机会可不容错过。

我们的巡护车行驶在平时去找马而轧出的一条路上，两边的雪原时而起伏，时而平坦，一望无际，莽莽苍苍。山丘顶上，雪被风吹到低凹处，露出山丘黑色的头、眉眼及背脊。远远望去，山丘连绵起伏，轮廓更加优美清晰，如诗如画，令人浮想联翩。洁白浩瀚的世界可以让人内心沉静，也会让心灵的野马狂奔。在一马平川处，则完全是白皑皑的雪原，没被掩盖的枯草团团簇簇地盛放在雪野中。在广阔的平地上，人也会视野开阔、心绪平静，一切烦恼抛到九霄。为什么人到了自然的怀抱之中总会那么放松？我想或许是因为人来自于自然，终究要回归自然，尘归尘，土归土。

卡拉麦里荒原的积雪，不是大片雪花堆成的松软、平坦的雪被，而是细密如沙的那种，应该叫雪沙更合适，那么雪野自然称之为雪漠更为形象。称之为雪海也很不错，波涛起伏，我们的车如海上的快艇，正在波涛中冲上冲下。枯草周围，风刀将雪修成低矮平缓、形态各异的沙丘状，大大小小的雪丘连成片，随处可见雪面上梯田状或波浪状的线条，或许是风在雪上作的画吧。

洁白广阔的雪原总会给人无限的遐想，天空无语，大地无声，只有风儿在轻轻地吹。这里不仅是野生动物的天堂，也很适宜心灵度假。我总是会沉醉于《寂静的天空》这首歌。“日升月落 / 生生不息的世界 / 永恒的远方 / 你的轮廓在夕阳中融化 / 找到了一种幸福足以悲伤 / 沉默的祈祷只为安抚执着的灵魂……”疲惫时听听这穿透灵魂的舒缓音乐，或随着音乐的旋律独舞一曲，让肢体和心灵都缓缓地舒展，美美地绽放，身心顿时变得无比轻松和愉悦。

寻找了约 2 个小时，终于有一个 7 匹的野马繁殖群出现在我们的视野里。冬季白色的雪野，比起与野马一色的土黄色荒野，更容易发现野马的踪迹。巡护员用望远镜仔细一看，是 1 匹公马头领带着 4 匹成年母马及 2 匹幼驹。在皑皑雪野的映衬下，野马毛色显得非常醒目。它们有的在低头采食饲草，有的在吃雪，有的在站立休息，有的在雪地里打滚，还有小马驹不时钻到妈妈的肚子底下吃奶。

在野马群附近，我们还发现了两个由 20 多匹野驴组成的野驴群。远远望见我们行驶的车，野马群与另两个野驴群分别朝不同的方向跑去。在湛蓝天空和白色雪野的衬托下，野马和野驴奔跑的身

雪停了之后的野马们

影显得那么夺目。在广阔寂静的卡拉麦里大地，它们的身影如灵动的音符，给冬季的荒原增添了无限生机，成了这片土地上最亮丽的一道风景线。

在卡拉麦里的每时每刻我都倍加珍惜，但是一眨眼，还是到了说再见的日子。快乐的时光总是匆匆流去，我的心中充满了无限不舍，对野马说声再见真的很难，正如有谁愿意与青春、与生命说再见呢？

如果说，与圈养野马相伴的岁月是我人生故事中起伏的波折，那么，来到野马监测站追寻野放野马的日子，将会是故事的高潮。

风雪中的作者和野马

而或早或晚，故事总会有一个结局。坚守，坚守，再坚守，只为野马的故事有一个完美的结局，为野马的明天更加美好。看到野马在大自然的怀抱自由奔驰，我想那就是我飞扬的青春。只要心在马背上安营扎寨，就没有离别。

重生的凯歌

从天山脚下亘古的荒原奔来，从流浪百年的异国他乡奔来，从魂牵梦绕的准噶尔故土奔来，野马，你这不羁的魂灵，你这铁骨铮铮的大漠英雄！

在6000万年的风雨里，你的傲骨毅然挺立。重返故土的35年，只是你滚滚生命长河中一朵小小的浪花，一朵从黑暗走向黎明的浪花。

腾飞吧，野马！奋斗中的你，才是真正的你；腾飞中的你，才是真正的你。你不仅要回归故里，更重要的是回归真正的自己。你不能总是这么默默无语，屈辱地低垂头颅，而应像一条巨龙，屹立于世界东方。

就让茫茫的卡拉麦里，这片承载野马先辈自由、激情和骄傲的古老土地，唤醒你沉睡百年的记忆。希望你重新焕发出生命的光彩和搏击旷野的勇气，卸去百年流离的伤痛和屈辱，在卡拉麦里大地，为生命而歌，为自由而搏，擂响春天的鼓，擂响重生的鼓，以最强之音，以春洪之力，让阵阵鼓声，响彻蓝天，在历史的回音壁回荡不止。

你不仅是新疆的骄傲，中国的骄傲，更是世界的骄傲，人类的骄傲。因为，你已不仅仅是你，你是英雄的象征，是自强不息、坚韧不屈、昂扬向上、奋勇向前的精神象征。这是一个民族的精神，

这是一个时代的精神。任何时代、任何人、任何地方都离不开这种精神。特别是在暗夜中挣扎的心灵，在失败与屈辱中沉沦太久的人们，更离不开这种精神。有了这种精神，生命就会迸发出一种神奇的力量，这是弹簧被压到最低点时所爆发出的力量，是人身处绝境迸发出的力量，是一种能创造奇迹和辉煌的力量，是一种能起死回生的力量，是一种打倒了再站起来的力量，是一种永不言败的力量！

有了这种力量，中华民族才从贫穷落后不断走向繁荣富强；有了这种精神，中华民族伟大复兴的中国梦一定能够实现。所以，中

华民族更应弘扬和倡导这种精神，让这精神在祖国大地遍地开花，长兴不衰。在这种精神的鼓舞和支撑下，让野马首先在故乡回归大自然，再现万马奔腾浩瀚戈壁的壮景，这是我们在彰显大国对生态保护事业的责任与担当。

野马并不只属于一个远逝的时代，野马精神更不局限于某个时代、某个地域、某个民族。在历史的长河中，无论过去、现在还是将来，它都是在时代脉搏中最震撼人心的音符，是一首激越澎湃的歌，是生命的常青树，与山河同在，与日月同辉。

野马精神，渗透在每一个有追求、有理想、不甘失败的奋斗者的血液里，是支撑他们迎难而上、战胜艰险的动力源泉。在茫茫戈壁，多少代护马人，冒着严寒酷暑，顶着刀霜风剑，为了拯救和保护野马无私奉献着自己的青春，默默无闻地助力着野马回归家园。他们身上，集中体现着野马精神。正是有了他们这种精神，野马种群才从无到有，不断地发展壮大，重新回归大自然的怀抱，重新拾回往日的尊严和骄傲，在卡拉麦里大地奏响重生的凯歌。有了这种精神，野马拯救事业才战胜了各种艰难险阻，走出绝境，走出低谷，走向一个又一个辉煌。

腾飞吧，野马！在卡拉麦里的和风中欢畅地驰骋飞翔，做回真正的自己。奔腾中的你，才能世世代代，生生不息。

腾飞吧，野马！在世界的任何角落，在人们的心中，永远奔腾不息。

附录　野马掠影

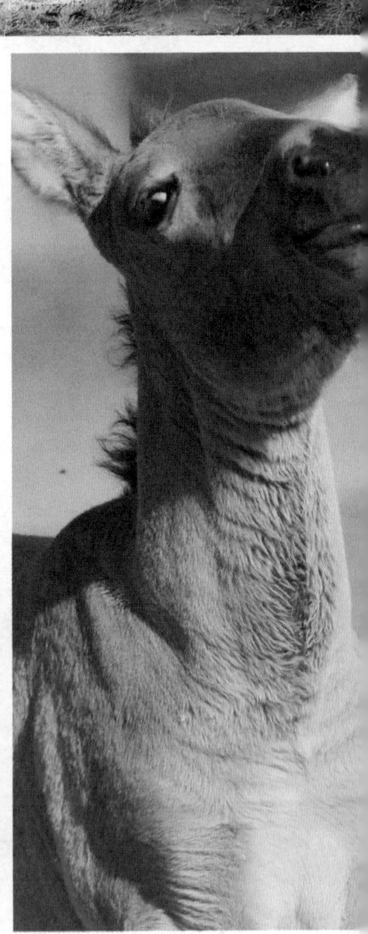

（全书图片均由作者提供。）